JN296196

地域をデザインする

フラードームの窓から見た持続可能な社会

駒宮博男
komamiya hiroo

新評論

考えている環境主義者が大勢いるようだ。なんせ、最少の部材で最大の空間がつくれるという画期的な工法で造られ、その内部の空気は縦に渦を巻いて循環するために熱効率がとてもよい。しかも、どのような自然条件に対しても強靭で、強風、豪雪、地震……何でもござれという構造となっているらしい。そういえば、日本で最初にフラードームが造られたのは富士山の頂上に二〇〇四年まであった測候所である。ちなみに、アメリカではすでに二〇万棟以上のフラードームが建てられたといわれているが、日本ではまだまだ珍しい建物である。

　この構造を考えついた人を紹介しよう。バックミンスター・フラー[1]という名の人で、数学、物理学、建築学をはじめとしてさまざまな科学に精通していた。一言でいえば、「天才」といえる人だった。ものの本によると、球面を三角形で被う構造を模索しているうちに「フラードーム」の構造を思い立ったらしい。五つの二等辺三角形でつくった正五角形を一二個と、六つの二等辺三角形でつくった正六角形を二〇個で球面を構成している。改めて、サッカーボールをよく見てみよう。たしかにそうなっている。いまから四〇年以上も前のこと、サッカーをはじめたころからこの亀の子ボールを見てはその不思議さに感動していたことを思い出した。

図1　フラーレン

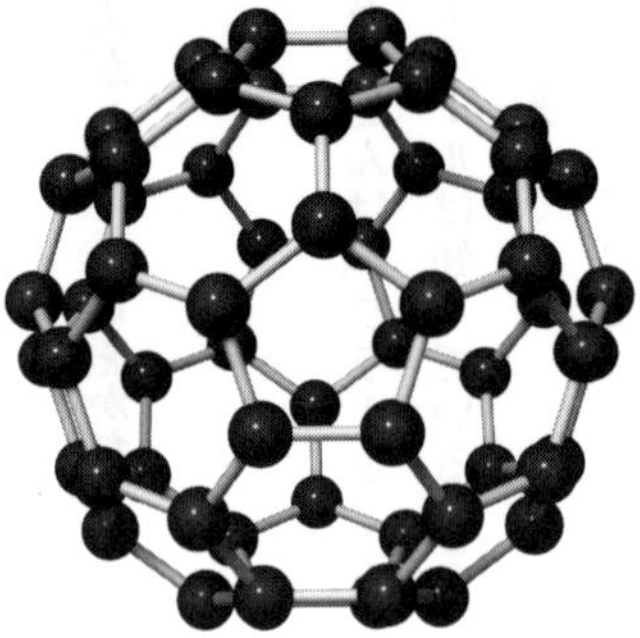

最近では、このような構造をした物質が自然界にも発見され、ナノテク分野においてこの堅牢でしなやかな構造の工業利用も考えられているようだ。こうした構造をもった物質を「フラーレン」と呼び、一部の化学者が以前より研究していたらしい。なんでも、電子的特性、水素吸着特性、機械的特性、光学的特性があり、燃料電池用水素貯蔵、キャパシタ、抗ガン剤などさまざまな分野への応用が期待されているらしい。

フラードームに決めるまで

実をいうと、私が本当に建てたかった家は「ドームハウス」ではなかった。本当に建てたかったのは、古い民家を移築したものだった。日本の風土にあっているのは、「何たって昔からの民家でしょう！」と、ずーっと思っていた。

名古屋から恵那の借家に引っ越してから数年がすぎたある年、隣に住んでいた光男さんが建坪一二〇坪の民家住まいをやめてその隣に新しい家を建てた。一二〇坪という考えられないほどの

（1）Richard Buckminster Fuller（一八九五～一九八三）アメリカ・マサチューセッツ州出身の思想家・建築家・発明家。

広さが災いとなり、メンテナスができないということでいま風の新居を新築したのだ。私としては、残された一二〇坪の民家がなんとも惜しかったので、知り合いの建築家を呼んで、「古材を使って家を建てることはできないか?」と聞いた。「もちろん可能」という返事だったが、「古材使うのはいいけど、使えるように解体するのは結構手間がかかるよ。普通の新築のほうが安いよ」と言われて、考え込んでしまった。

古民家の移築は、現在ブームとなっている。ただ、よほどのお金持ちでないかぎりできない。それでも私は、古民家についてかなりの勉強をした。釘を使わない古来の工法の素晴らしさに驚き、感動すらした。そうした過程で発見したのが西岡常一[2]という人の『木のいのち木のこころ』という本だった。

もし、みなさんのなかで家を建てようと思っている人がいたら、一度はお読みいただくとよい。私は、読んでただただ感動するばかりだった。とはいえ、正直いうと少々あきれたところもあった。なぜなら、「家を建てるのなら、先ず山を見ろ」式のことが至る所に書いてあるのだ。

「尾根筋に生えた木は、成長が悪く年輪が詰まっているため丈夫である。先ず尾根筋の大木を切ってきて、それを大黒柱とする」

一事が万事この調子で、誠に理想的である。ただ、当然ながら理想的すぎてわれわれ下々《しもじも》には対応が不可能である。でも、水周り（炊事場、風呂など）を集中させて母屋と離すことで母屋が長持ちするとか、外気に接っしている木材が一年の間にどれだけ風化するとかといった日本古来の家のベーシックな考え方を学ぶことができてとても参考になった。

『花咲かハウス顛末記』という本も読んだ。建築家が著したこの本には、「家を一軒設計するごとに、友達が一人ずつ減っていく」と書かれてある。家とは、実は施主のエゴの塊で、これほどまでに個人の要求、つまり「エゴ」が反映される商品はないという。友人といえども、施主となると膨大なる要求を突きつけてきて、しまいには喧嘩別れとなるという。

著者は、こうした苦い経験を積んだために個人宅の設計をやめ、公共物の設計だけをするようになった。公共の建造物は、建築家にとっては自由の空間らしい。そういえば、驚くほどの自由度で設計された公共施設によく出合う。もっとも、使われていないヤツも結構あるが……。

題名の「花咲かハウス」とは、著者の友人たちが集まって修復している民家のことで、茅葺屋根に雑草の種が落ちて花が咲いている光景を意味しているようだった。結局は、古来の民家が一番という意味かもしれない。

（2）　木を知悉する「最後の宮大工」として、法隆寺の大修理を行う。

「2×4（ツーバイフォー）」の理論

ドームハウスを建てるにあたっては、「2×4」の理論をしっかりと勉強した。これは、公共機関が出しているマニュアルがあるのですぐ勉強できる。勉強して分かったことは、とても論理的だということである。論理的なことであれば、素人でもすんなりと頭に入る。「2×4」建築とは、みなさんもご存知のように2インチ×4インチの角材を使った建築工法のことだが、2×4だけでなく、2×6、2×8、2×10、2×12、4×8、4×12などの角材も使っている。柱中心の日本の在来工法と大きく違う点は、壁を構造材とするところだ。ドームの場合、外枠のメインフレームは2インチ×6インチを、そしてドーム内部の壁は2インチ×4インチを主に使った。したがって、大黒柱がない。まるで、我が家を象徴しているかのように？

2×4工法は、きわめて論理的かつ精密である。しかし、あとで分かったことだが、生物である木を材料とするかぎり理論だけでは大工はできない！　なぜ、あとで分かったかというと、そもそも、私は建築家でも大工でもないのだ。

木材を使って初めて分かったことは、木の一本一本の性質が微妙に違うということだ。原木のどの部分を材にしたかによって、反ったりねじれたりするのだ。もちろん、そうでない材を選ぶわけだが、大量に仕入れるとなるとても選びきれるものではない。そういう個々の材の性質を知り、つじつまを合わせていくのが大工という職人の仕事のようだ。だから、設計図から微妙にずれることを容認しながら、つじつまを合わせていくことになる。

私がドームを建てる前に造った最大の建造物といえば、恵那に引っ越してから子どもにせがまれて飼うようになった秋田犬の小屋だった。実は、これまで大工仕事自体をほとんどやったことがない。でも、先ほどお話したお隣の光男さんが建前式をしたときには、屋根に登って嬉々として瓦を取り付けるための野路板を打ち付けたことはある。

インターネットで……

古民家の移築を諦めることになり、仕方なしにドームハウスを建てることにした。女房は、「結局、あなたは最初からドームを建てたかったのよ！」と言うが、決してそうではない。ミサワやセキスイといった多くのいわゆるメーカー品の家をはじめ、ありとあらゆるものを見た。その結果、ドームハウスにしたのだ。

まず、インターネットで世界に存在するドームメーカーを探した。とくに、アメリカにたくさんあり、そのなかでまともそうなヤツで、西海岸にある会社を二つ選んだ。一つはバークレーにある「ティンバーライン・ジオデシックス（Timberline Geodesics）」、もう一つは少々内陸部に位置する会社だった（名前は忘れた……）。

ドームハウスにはいくつかの工法があるが、後者の会社の工法は三角形の面をつなぎあわせる工法となっており、建てる際にクレーンを必要とした。何十という三角形の部材をつないでいく工法で、三角形の部材の一辺は二メートル以上となっているためにかなりの重さになる。さすがに、クレーンは使ったことがない。しかも、夫婦だけで造るとすると、女房がクレーンを運転して私が部材をつないでいくことになる。想像だに恐ろしい光景が脳裏をよぎった。

この工法に比べて「ティンバーライン・ジオデシックス」の場合は、スケルトン（骨組み）式に木材と金属フレームを組み合わせてドーム構造にしていくもので、素人の私でもできそうな感じがした。迷わず（？）「ティンバーライン・ジオデシックス」にメールをして、まずは設計図を申し込んだ。一〇〇ドルちょっとでその設計図とカタログが手に入った。

少し現実味を帯びてくると、徐々にぞくぞくとしてきた。土地探しにはかなり苦労したが、幸運にも、住んでいた借家の隣の土地が手に入ったので物理的な条件は整った。そして、「仕事をしながらぼちぼちと建てればいいか……」と思った。

私の隠れた逡巡とは裏腹に、女房はきわめてシステマティックな人間であり、建てると決まった途端、キッチン、風呂、洗面所などをちゃっちゃと決めていった。手に入れた設計図を基に、地元の業者に基礎工事を手配した。当然というべきか、地元の神主を呼んで地鎮祭もやった。

二度のバークレー行き

メールで何度か打ち合わせたあと、詳細を決めるためにバークレーへと飛んだ。社長は気さくな人間で、ユダヤ系の人だった。聞くところによれば、「ティンバーライン・ジオデシックス」はドームメーカーでは老舗らしく、ちょうど私が行ったときも、ハリウッドからの依頼で巨大なドームの部材をつくっていた。

この会社のドームは、基本的にはキットになっている。そのキットは、ドームの主要な構造材である2インチ×6インチの部材と、それをつなぐ特殊な金属ジョイント、そしてフレームをカバーする構造用の合板などで構成されている。一年間だけだが子どものころアメリカにいた私にとっては日常会話くらいしかできず、建築関係のテクニカルタームはまったくダメという状態だった。少々苦労したが、設計図を見ながら少しずつ覚えていき、相手との交渉を進めていった。

とりあえず、大まかなタイプと大きさを決めると、それにあったキットの基礎部分が決定される。その後、窓の個数と位置、キューポラを付けるかどうか、玄関のエクステンションの長さなどの詳細部分を決め、すべてのキットを正式に注文してからこの会社を後にした。

たまたまだが、サンフランシスコから内陸に少し入ったサクラメント（カリフォルニア州の州都）に山登りの友人が移住していたため、遊びに寄ることにした。彼はアメリカに移住し、この地で造園業を営んでいる。彼自身「中の下クラス」とは言うものの、敷地三〇〇坪の新築の家に住んでいた。新興住宅地で、その一角だけがフェンスで囲まれており、ゲートを開けてなかに入った。平屋で、フロントヤードとバックヤードが付き、日本的感覚でいえば超高級住宅だ。アメリカでは、住宅は価値が増加する資産となっている。住みながら少しずつリフォームし、高級にして買い値より高く売るということらしい。ここらあたりが日本と違う。

久しぶりに会った友人と大いに飲んでしまった。そのお陰で飛行機に乗り遅れ、帰国が二日も延びてしまった。

基礎工事だけは地元業者に

帰国するとすぐに基礎工事。基礎工事だけは自信がなかったので、先にも書いたように地元の業者に頼んだ。彼らは、フィート・インチによる基礎の設計図を見ながら何とかやってくれた。ときどき、工事の進捗具合を見ながらバークレーで購入してきたフィート・インチ尺で設計図通りであるかを確認し、「ここ、八分の一インチ違うよ！」などと注文を付けながら工事を進めてもらった。

コンクリートが乾くと、その上に設計図通りに2×12材と構造用合板を張り詰めてプラットフォームを造る。日本の一般的な2×4工法では2×12材はあまり使わないようだが、とにかく設計図を信じて作業を進めた。

2×12材は、縦に並べただけでいかにも丈夫な感じがする。実は、基礎の設計も頑丈にできているようで、請け負った業者が、「ここは地盤がしっかりしてるから、こんなにコンクリートを打つ必要ないよ！」と言っていた。

そういえば、ティンバーライン・ジオデシックスの社長が、「ピアノやストーブみたいな重いものは位置を事前に決めて、その下の基礎はしっかりやっておかなくてよいのか？」という私の質問に対して、大笑いしながら「お前、俺

基礎工事終了後

の設計を信じないのか！　ピアノだって？　そんなの、どこに置いても絶対大丈夫さ‼」と言っていたのを思い出した。どうやら、設計にはかなり自信があるようだ。そこまで言うならこの男を信じよう、とそのとき思った。

　プラットフォーム工事の途中で、屋根材をはじめとした詳細な建材を選ぶために再度バークレーに飛んだ。実は、今回の渡米の重要な目的は、注文したキットを逐一確認してコンテナに載せることだった。大ざっぱなアメリカ人のこと、部品が違っていたりしたらとんでもないことになると思ったからだ。実際は部品全部を調べることはできなかったが、概ね確認し、コンテナの空きスペースに入れられる分だけ予定していたものを購入した。屋根材などのほか、薪ストーブ一式、スウェーデン製のコンポストトイレを二基購入し、ほぼ四〇フィートのコンテナがいっぱいになった。当初予定していたマイクロ水力発電機やジャクジーは諦めることにした。

こうなったらやるしかない！

　帰国してから二か月後の一九九九年一月の終わり、無事、名古屋港にコンテナが着いた。通関と恵那までの輸送は知り合いの運送業者に頼んだが、バークレー（サンフランシスコ港）から名古屋港までの運送費が一二五〇ドル（約一五万円）に比べて、通関を含むとはいうものの、名古屋から恵那の輸送に四〇万円弱もかかってしまった（何て日本は高いんだ！）。

恵那の冬はとても寒い。一月ともなるとマイナス一五度にもなる。幸い、その年は雪があまり降らなかったが、一度降ったらこれがなかなか融けない。一月の終わりの寒い朝、すべての荷が、造っておいた丸いプラットフォームの上に無造作に置かれた。

遂に、やるしかなくなった！　不安と期待が頭をよぎった。

岩登りの技術を駆使して

最初の一週間でほぼフレームが完成した。キャスター付きの三階建ての足場での慣れない作業のため、その安全性を付与するためにまずフレームを完成させ、フレームの頂点に岩登り用のザイル（ロープ）をくくりつけることが必要だった。何せ、頂上部は八メートル以上の高さになるので落ちたら大怪我をしてしまう。私はこの日のために、太さ一〇・五ミリメートルの岩登り用のザイルを購入しておいた。マニュアルに従って最後に頂点のジョイントをつないだあと、指の力だけで絞めておいたジョイントのボルトをしっかりとスパナで絞め上げるという作業を行う。というのも、最初からボルトを絞め上げてしまうと形がゆがんでしまう恐れがあるからだ。

頂上ジョイントを絞め上げ、ザイルが固定されれば、このあとの作業はどんなに危険な個所であっても死ぬことはない。その昔、八〇〇〇メートルまで一緒に行った岩登り用のハーネス（腰ベルト）を身に着け、それにザイルを付けておけば命だけは保証される。腰のハーネスとザイルは、私に絶大なる安心感をもたらした。「岩登りをしていてよかった！」と、このときほど実感したことはない。

通常、大工さんがドームハウスを建てる場合にまず行うのが足場づくり。しかし、岩登り技術があればその必要はない。

できあがったメインフレームは、たしかに球面を三角形で構成するフラードームそのものである。冬空と里山が透かして見えるドームのスケルトン。美しい！　やはり私は、古民家ではなくドームを建てたかったのだろうか？

メインフレームができあがると、次はそれをより強靭にするためのT型フレームの打ちつけ作業となる。初めて手にする自動釘撃ち器でどんどん作業をこなしていく。それまでは三角形だけだったスケルトンにT型フレームが入り、スケルトンの姿はさらに美しくなっていく。このころから、地元のアマチュアカメラマンである町野さんが来るようになり、魚眼レンズで写真を撮ってくれた。近所の人たちもしばしば見学に訪れ、「プラネタリュームかね？」、「いえ、自分の家です！」と答えると、「あんた、建築家だったんか！」、「いや、素人」、「怪我すんなよ！」というような会話がしばしば交わされた。

T字フレーム後（写真提供：町野正三）

Ｔ型フレームが終わると、次はすべての三角に構造用の合板を打ち付ける作業となる。一辺二メートル以上の合板、しかも四角でなく三角の合板を打ち付ける作業は結構きつい。でも、こうした作業は目に見えてできあがっていくので楽しい。窓となるところを除くすべての三角に合板が打ち付けられると、それまでスケルトンだったドームが一気に閉じられた空間となる。何だか要塞みたい……。新興宗教の基地と思われたらどうしよう（事実、私がドームに住みだしてからの数年後、問題を起した白装束の新興宗教の基地がドームだった！）。

ここまでほぼ一か月。幸いにして雪は降らなかったが、プラットフォームの上の霜を箒《ほうき》で掃く作業で毎日がはじまる。構造用の合板を張り終えて、ようやく天気を気にせずに作業ができるようになった。といっても、すべてが木であるため雨や雪が降れば濡れてしまうことになる。どうしたものかと思案し、テント屋で二〇メートル四方のとてつもなく大きいビニールシートを購入し、女房と死ぬ思いでドーム全体を覆った。巨大なビニールシートで覆われたドームの中はとても暖かい。頂上から吊り下げてあるザイルに息子をぶら下げたりして思わず遊んでしまった。

智全の釣り下がり

続いての作業は内部の骨格づくり。設計図を何度も見ながら、2×4部材で壁、そして二階の床を組み立てていく。こうしたドーム内部の設計は、2×4建築の教科書を読みながらすべて自分でやった。壁の位置を決めて一つ一つ設計していく。壁の高さや長さを計算して図にしていく。図にすることによって、どういう長さの部材が何本必要かがわかってくる。長さごとに何本必要かを表にしていき、部材調達のデータとした。これは結構たいへんな作業だったが、慣れてくるとそんなに難しいものではない。

作成した表に基づいて材木屋に発注した。幸い、恵那から南に三〇キロメートルほどの愛知県藤岡町に2×4部材をつくっている専門の工場があったのでそこに頼んだ。ただ、運賃が結構かかりそうだったのでレンタカーの四トントラックを借りて運んだのだが、想像以上にたいへんだったので、二回目の注文からは運送もお願いした。無理せず最初からそうすべきだった……反省。

この2×4部材について述べておくと、日本ではカナダ産の通称「SPF（Spruce Pine Fur）」が主体となっているが、これは木が軟らかくてどうも頼りない。あいにくと、国内で調達できる2×4部材はこれしかないのでこれを使ったわけだが、本来、2×4部材はこのSPFだけではない。ドームキットに含まれている2×6はダグラスファーの一級品で、SPFとはまったく違うものである。私のような素人でもその違いが明確に分かるほどだ。同じ太さ、同じ長さのダグラスファーとSPFを手にとってみればきっと誰にでも分かると思うが、重さがまったく違うのだ。また、釘を打ったり鉋《かんな》をかけたりするとさらによく分かる。その堅さの違いが歴然としているのだ。「似て非なるもの」とはまさにこのことである。しかし、2×4の教科書を読むかぎり強度の差は数値的にあまりないとなっている。私は、いまでもこの数値は信用できないと思っている。

2×4の構造はとても分かりやすい。理屈さえ分かればどんどん作業が進んでいく。床の平面に壁の部材を丁寧に並べ、釘撃ち器で固定していく。壁ができたら、よいしょっと立てかけて床に固定する。壁と壁を直角に固定すると、その壁はびくとも動かなくなる。何と簡単なのだろう！　こんなことだったら、ドームでなくて単なる2×4建築にすればよかった！　そういう本もたくさん読んだのだが、ここまで簡単だとは思わなかった。

二階の床に構造用の合板を打ち付けると、一気に家らしくなってきた。一階部分の壁は完成しているので、住もうと思えば住めるところまできた。夜、家族全員でドームの二階の床に寝そべり、ドヴォルザークの『交響曲8番』なぞを聴いてしまった。初夏の夜、星明りだけが差し込むドームの中で聴いたドボルザークは、抜群の音響でいたく感激してしまった。

しかし、まだ屋根と窓という難物が残っている。屋根だけはプロにお願いしようと数社から見積をとったが、何と五〇〇万円もかかるという。かなり迷ったすえに、自分でやることにした。恵那には自力で家を建てた友人が二人いたが、その二人とも屋根だけはプロに任せた。「屋根だけはプロにやってもらったほうがいいよ」と、ごていねいにも以前から忠告もいただいていた。でも、バークレーで購入してきた屋根材の値段が三六万円。どうして、これつけるのに五〇〇万円もかかるんだ！　やっぱ、自分でやるっきゃない！

「屋根」と言っても、ドームの場合はほとんどが屋根であり、壁と思われる部分はプラットフォームから一メートルほどのところだけであるため、結構な作業量となる。屋根材は「アスファルトシングル」と呼ばれる部材である。三五年保証という、分厚いヤツを購入してきた。アスファルトシングルを打ち付ける前に、分厚い防水シートを全面に貼り付ける。自らの平衡感覚だけを頼りに下から徐々に張っていくのだが、気の遠くなるような作業である。防水シートもアスファルトシングルも、その一枚一枚がかなり重い。防水シートはあらかじめカッターで三角に切り、それをタッカー（ホチキスの親玉）で張った上にアスファルトシングルを釘で留めていくことになる。

この釘留めは、釘撃ち器ではだめだ。頭の大きい特殊な釘を岩登りで使った「チョーク袋」（岩登りの際、この袋に体操競技で使う白い粉を入れて汗ばんだ手につけながら登っていく）に入れ、長年にわたって私の相棒であるアイスハンマー（氷壁登攀に使うハンマー）を手に持って気の遠くなる作業をこなしていった。下部は梯子上の作業、上部はザイル一本に命を託す作業、なんか、家造りというよりはマジな岩登りという感じがした。

ちなみに、私が使っているアイスハンマーは、シシャパンマ（八〇一三メートル）というチベットの山に行ったとき、かの有名な登山家であるラインホルト・メスナー[3]が前年に残していったテントの中から発見して頂戴したものである。

窓は、すべて明かり窓用のもので、これもバークレーで購入してきた。「ベルックス（Velux）」という、知る人ぞ知るスウェーデンの有名な明かり窓である。外側がガラスの二枚重ねで内側にもう一枚ガラスがあり、その間にはアルゴンガスが入っており、断熱効果抜群の窓である。大きさにもよるが、一セットで三五〇ドルほどである。ただ、これも施工を外注すると一窓二〇万円ほどかかるらしい。

ベルックス以外は特注した三角窓である。この巨大な三角窓を、滑車を使ってドーム伝いに

メスナーのアイスハンマー

せり上げ、取り付けていく作業は発狂するかと思うほど困難だった。滑車を使ったために二分の一の重さにはなったが、それでも女性が一人でずり上げられるギリギリの重さである。女房がザイルを引っ張り、私は宙吊りになりながら巨大な窓をリードしていった。四枚の三角窓が所定の位置に収まったとき、まさに二人とも精根尽き果てた。

やっとのことで屋根と窓が完成すると風雨に曝される心配が完全になくなったので、あとは内装をしっかりやるのみである。少しほっとしたのだが、ここまでで二回ぎっくり腰に襲われた。もうちょっとでテクニカルノックアウトというところだったが、その度に整骨師の友人に来てもらって治してもらった。やはり、もつべきものは友!!

素人というのは、ペース配分が分からない。体力に任せてついやりすぎてしまう。早くドームに住みたい、と気がはやり、最初から猛烈な勢いでやってしまうのだ。しかし、それもここまでだった。これからはじまる内装は、これまで以上に気が遠くなるような地道な作業となる。何せ丸い家なので、フローリング一つをとっても壁際が直角ではないためにたいへんな作業となる。角度を測りながら、一枚一枚床材を切っていくという作業が果てしなく続いた。やってもやって

（3）Reinhold Messner（一九四四〜　）世界の八〇〇〇メートル峰のすべてを無酸素で初めて登頂したイタリアの登山家。

もなかなか進まないという感じで、体力でなく根気を必要とした。

「床だけは張ってから引っ越せよ！」と、恵那でログハウスを自力で建てた友人からの忠告もあったので、根気強く床を張り終えることができた。ちなみに、この忠告をくれた友人、合板の上に絨毯という生活を一〇年ほど送ったのち、フローリングを数年前にようやく張り終えている。

我が家の唯一の和室には、女房の実家を解体したときに残しておいてもらった柱、梁、障子を使った。鉋とノミで少々細工をしたが、刃が立たないくらい堅かった。「やっぱり日本の民家の古材はすごい！」と改めて思った。

障子は、杉のあじろが施してあるというきわめて風流なもの。片側が丸い部屋のため、畳は変形したものを特注で何枚か頼んだ。ドーム内の周囲に腰板（ドーム唯一の壁。床から一メートルほど）が必要だったのだが、これは女房の実家を新築したときに残った杉の板材を使った。ちなみに、女房の実家は百数十年ぶりに建て替えたのだが、その材のほとんどを自分の山から切り出している。これが、本来の家の造り方なのだろう。

その後、床張りと平行して風呂、洗面所、台所などの水周り、そしてコンポストトイレを設置し、薪ストーブの設置と煙突の取り付け（これは結構シビアだった）などを終えてやっと住めるようになったのが九月ころだった。ドームのキットが到着してから七か月強、基礎工事から数えると一年弱かかって、やっと我が家に住めるようになった。そして、住みはじめてから恵那市内の材木屋に行って安い杉の板材を購入して外壁の腰板を張った。機械を借りて、娘と二人で何百枚もの板にサネ（板と板の接合部のけずり）を付け、腰板を張り終えると家族全員でペンキ塗りをした。

しかし、住めるようになっただけで実はまだ完全に完成はしていない。家というもの、未完成部分を少しだけわざと残しておくものらしい。

何をめざしているのか

本書の主題は、ドームをいかに建てたか、ではない。実をいうと、ドームなんかはどうでもいい。ドームに住みながら、私がいま何を考えているかを皆さんに知ってもらうことがこの本の目的である。したがって、ここまでは少し長い「まえがき」である。ただ、人間やろうと思えば何でもできるのだということだけはお分かりいただけたかと思う。必要なのは、やろうとする気概と無謀さ、そしてわずかな緻密さである。これだけあれば大概のことはできる、といつも思っている。もっとも、ここに私の無謀さがあるのだが……。

これからお話する私の考えは、もしかしたらドームを建てる以上に無謀で過激なことかもしれない。ドームを建てるはるか以前から、かれこれ三〇年近くもずっと考え続けてきた課題について話していくつもりである。難しく言えば、「意味論」と「認識論」、そしてその果てにある持続可能社会とその中間にある「等身大の科学」という概念などである。

とはいえ、本書は専門の学術本ではないので、お酒でも飲みながら気楽に読んでいただければ幸いである。

もくじ

第2章 食卓の窓から――畑で何をつくってきたか　51

第3章 トイレの窓から――コミュニティとは何か

第8章 歴史を振り返る　229

第9章 果たして間に合うのだろうか　263

建設中のフラードーム（写真提供：町野正三）

地域をデザインする——フラードームの窓から見えた持続可能な社会

第1章 オフィスの窓から——日本の森林を考える

オフィスの窓から

光男さんの山

オフィスの窓をのぞくと、すぐ向こうに、隣に住んでいる光男さんの山が見える。ヒノキとスギ、そしてマツに混じって雑木も生えている混交林である。目を凝らすと、その昔に植えられていまでは半ば「野生化」したキウイが、つるを数十メートル上まで延ばしているのが見える。この小さな山にどんな生き物が棲んでいるのだろう。大物ではカラス、トンビ、オナガ、メジロ、ウグイス、ゴイサギ、カワセミといった鳥類と、キツネ、タヌキ、リス、テン、ノウサギ、カモシカ、イノシシ、最近ではヌートリアなどといった哺乳類、そして小物では土壌の微生物群である。おそらくは、私の想像などははるかに越える種類の生物が生きているのだろう。

この小さな山の生態系を前にして、細かく見れば見るほど果てしない謎が広がってくる。ちなみに、この山の手前には棚田があり、その隣には畑、さらにその手前には小川が流れている。そして、小川のこちらが私の家である。きっと、この山に棲む生き物たちは、隣接する田畑や小川とも密接な関係をもっているのだろう。周辺の鳥たち、そしてときには獣たちがこの川に遊びに来ている。

山のなかを歩くと、ヒノキ、スギ、サカキなどの常緑広葉樹とコナラなどの落葉広葉樹をはじめとした一〇種類以上の樹木、そして下草の草本類がはえている樹層豊かな山であることが分かる。樹層の豊かさは、そこに棲む生物全体の豊かさを物語ることになる。

もし、生態学者がこの小さな山の生態系を記述しようと思ったら、最低数年間はここに住んで日がな観察することになろう。でも、残念ながら、どんなに観察してもその生態系は時間とともに変化していくだろう。わずかな自然条件の変化によって、生態系は変化してしまう。

いつだったか、ＮＨＫテレビに琉球大学の生態学の先生が出演し、街中の「野猫の研究」をテーマとして話された。数回続いたシリーズの最後に、何気なく発せられた言葉が印象的だった。

「野猫を研究して分かったことは、生態系はどんどん変化すること。人間がゴミの位置を少し変え

光男さんの山

ただけで、周辺の野猫の生態系は変化する。私は生態学をやっていてよかった。なぜって、生態系の基本属性が変化であり、どこまでいっても終わりがない。終わりがないってことは喰いっぱぐれがない⁉」(筆者要約)

なるほど、と思った。人間だってそうである。家族関係からはじまり、コミュニティ(会社や役所もコミュニティの一種として)での関係など日々変化している。世の男たちは、朝一番の奥さんの顔を見て、その日の奥さんに対する態度を決めたりするものだ。私はくれぐれもそのようなことのないように、常に毅然とした態度をとろうとはしているが(書いていて、忸怩たる思いが込み上げてくる)……。日常的な人間関係を振り返っただけで、関係性というものが日々変化していることを認識しないわけにはいかない。

いうまでもなく、翌日の朝に女房がどんな顔をして起きてくるかなんかは神様にしか分からない。この世は、予測不能なことで満ち満ちている。こんな当たり前のことですら、一部の学者たちは「初期条件」さえ明確に分かれば「結果」は確定される、すなわち予測可能だと言う。つまり、昨夜の女房を徹底的にかつ精密に観測すれば、今朝の女房の態度は確定的に予測可能だったというわけだ。そんなことあるわけないだろう！　何！、今朝の女房のあの態度を予測できなかったのはお前の昨夜の観察が足りなかったからだって？　そりゃそうかもしれないけど、一体ど

うやって、どこまで観察したらいいのだ⁉
ちょっと例が悪かったかも知れないが、私が言いたいのはこの世が予測不能だっていうこと。すべてが予測不可能じゃないけど、予測不可能な部分が絶対あるっていうことだ。この考えは、のちに数回出てくるが、私にとってはとても重要に思える考え方なのだ。予測不能なことが起こるから、自然や神のもとで人間は謙虚になる必要がある。そんな感じがしてしまう。

生産森林組合に入った！

恵那に移住して一三年目、地域のボス（市会議員）に誘われて（半ば強制され？）生産森林組合に入った。正確には、「野井生産森林組合」といい、広い共有林をもっている。

私の住まいは、地理的には伊勢湾を河口とする庄内・土岐川の最源流に位置し、ここより上流には住居はない。したがって、上流はすべて山である。この山の頂上部分に共有林がある。山の名前は「夕立山」といい、昔から雷が多いらしい。我が家のちょうど南側に川が遡っており、その頂上が夕立山となる。数年前の初冬、息子と源流を夕立山まで探検したことがあったが、途中に湿地帯があったりしてなかなかいい所だった。南側を山に囲まれているため台風のときに風に叩かれる心配がない代わりに、冬になると朝九時から夕方の三時までしか日が照らない。

生産森林組合の話を簡単にしよう。といっても、組合の仕事はここ数年あまりないようだ。日本全国、一部を除いて山に人が入らなくなってしまった。

恵那周辺もご多聞に漏れず、戦後の拡大増林が盛んだったようだ。拡大増林とは、戦後の木材需要の増加によって、それまで里山（いわゆる雑木林で、主に薪や炭を作るための林）だったところを伐採してスギやヒノキを植林したのだ。ちょうど昭和四〇年代に植林した多くの地域は現在それから四〇年ほどが経っており、すでに間伐適期を過ぎてしまっている。

また、もともと林業を生業としていた人たちならいざ知らず、こうした戦後の拡大増林に携わった多くの人たちは農家だった。植林後、農家の人たちは毎年下草を刈り、植林地を保護してきたが、十数年ほど前のヒノキの暴落により、いまでは山に入る人がほとんどいなくなってしまった。農家の人たちの時間の感覚は一年を基本としている。これと比べ、林業家のタイムスパンは一〇〇年だ。ゆえに、林業家なら一時の相場には無関係に山仕事ができる。また、農家の人たちは田や畑に雑草を生やさないことを美徳としているため、植林地も雑草がないことをよしとする傾向が強い。私自身、つい数年前までは雑草がない、要するに下草がない植林地を理想的と思っていた。

「森の健康診断」

そんな折、愛知県を中心に活動していた「矢作川源流森の健康診断実行委員会[1]」なる耳慣れない名の団体が恵那に潜入してきた。彼らは、地図に東西一・三キロメートル、南北一キロメートルのメッシュをつくり、その交点にたとえ道がなくとも到達し、その地点の林の混み具合、木の太さ、下草の植生、土壌の水浸透速度などを調べている。調べたデータをGIS（地図情報システム）に載せ、森林、とくに植林地のデータ分析を行っている。

私も二年連続で参加させていただいたが、二〇〇六年には「NPO法人夕立山森林塾[2]」なる組織もでき、北海道や東北からも視察が来たりして大いに盛り上がっている。一回のイベントに何と三〇〇名ほどの参加があり、一日で数十箇所の調査データが集まった。調査自体は簡単だが、きわめて科学的なものである。道具は、ほとんどが一〇〇円ショップで購入が可能。私は『現地案内人として、地図上に指定されたメッシュの交点まで予備調査として行くこととなった。ちょ

（1）〒四五〇－〇〇〇一　名古屋市中村区那古野一－四四－一七　嶋田ビル二〇三　伊勢三河湾流域ネットワーク事務所内。http://www.yamorikyou.com/

（2）〒五〇九－九一三一　岐阜県恵那市三郷町野井一七三六－二二一　http://www.yuudatiyama.org/

うど二〇〇六年は「熊騒動」（全国の里山に熊が頻発し、恵那でも数人が熊に出くわして重傷を負っている）で、木刀を持って調査地点まで行ってきた。

なぜ、「森の健康診断」なのか。詳しくは、『森の健康診断』（築地書館、蔵地光一郎他）をお読みいただきたいが、一言でいえば森林の情報が枯渇しているのだ。では、なぜ枯渇しているか。それは、人が山に入らなくなったためである。間伐適期をとうに過ぎてしまった植林地が全国にはたくさんあるのだが、どこの森林がどういう状況かというデータがほとんどない状態である。

一昨年（二〇〇五年）、私が調査した地点はとてもひどかった。まず、地面の傾斜が四〇度あったため、調査に同行した女子学生が立っていられなかった。ちゃんと立てずに近くのヒノキにつかまろうとすると、その半数ほどはすでに枯れており、そのたびに「キャー」という声が響く。下草はというと、農家的には理想的なほとんどない状態。しかし、土が剥き出しで、大雨が降ったらきっと流れるだろうし、すでに流れた痕跡が見られた。このまま放っておけば、いつかきっと土石流が発生するだろうと、ガイドをしてくれた専門家が言っていた。ふと上を見上げると、ほとんど空が見えない。ということは、太陽が射さないということである。整然と鉛筆のような細いヒノキが並んでいる静かな林のなかで、私たち参加者は専門家の説明に耳を傾けた。

「何も、ここが特別なわけじゃありません。こういう植林地がたくさんある。一日も早く間伐を行い、地面にお日様が当たるようにしないと木も育たないし、土が流れる恐れもあるんです。この『土人形』を見てください！」

土人形とは五センチメートルほどの塔状の土で、小さな頂上にヒノキの実を乗せている。剥き出しの土壌が雨に打たれ、ヒノキの実の周りの土を流してできたこの小さな土の塔は、すでに表土の流出が進行している証拠なのだ。

植林ののち長期にわたって見放されたいわゆる「放置林」は、恵那だけではなく全国に拡がっている。一日も早く間伐を行い、光という栄養を与えなければいけない。拒食症の人のように、極度にやせ細った木々はすでに半数ほどが枯れていた。

森林の状況は結構深刻だ。私自身、この深刻さを身をもって体験したのはつい最近のことである。このような状況を、読者の皆さんはご存知だっただろうか。興味のある方は、是非、「森の健康診断」に参加していただきたい。森林の問題は、机上論ではなく、まず多くの人が森に入って情報を収集し、共有することからはじめなければならない。

とくに、一級河川の源流部は、そのほとんどが下流部に大都市を控えており、もしも大雨で土石流でも起こったらその被害は大都市にも及ぶ可能性が高い。森林は資源としても重要だが、治山治水、すなわち防災面でもとても重要な役目をしているのだ。適所な管理を行うことにより、森林の保水力は確実に増す。これを「緑のダム」という。

二一世紀の日本のエネルギー

森のなかは深刻な状態となっているわけだが、その森は二一世紀の日本にとってとても重要なエネルギー源になる可能性がある。私はここ数年、岐阜県全域の森林資源を使った発電のシミュレーションを行ってきたが、森林の「再生可能部分」（一年間に成長する量）を使って発電すると、家庭で使う電力位は軽く自給できるということが分かった。

こうした発電を「バイオマス発電」という。バイオマスとは「生物の塊」の意味で、木質バイオマス以外に家畜の糞や生ゴミ、ゴルフ場で刈った草、街路樹の剪定で出た木の枝などなどさまざまな種類があり、エネルギー源として、あるいは肥料としての利用法が現在かなりのレベルで研究されている。

では、森林の木質バイオマスの量はどうやって調べるかというと、これはかなり難しい問題となる。ちなみに、私の計算方法は結構ざっくりとしたもので、一ヘクタール当たりの人工林（針葉樹）の年間成長量というデフォルト値に、岐阜県の地域ごとの人工林の面積をかけて計算している。しかし、人工林には山奥にあって林道が整備されていない所もあるし、森林の整備状況も多様化している。したがって、正確な量を出すためには山に入ってちゃんと調査をしないといけない。でも、家庭用の電気が充分自給できるぐらいの量がある（らしい）こと自体は、とても夢のある話ではないだろうか。

木質バイオマスのエネルギーとしての価値はとても高い。二〇〇七年三月に東海農政局に頼まれて政策提言をしたとき、農水省の偉い人（バイオマス日本の責任者）(3)が次のように言っていた。「植物繊維を分解して糖にする。その糖を分解してエタノールをつくる。これが二一世紀の日本のエネルギーを支えるだろう。この技術が稼動するのが何年先になるかによって、日本のエネルギー事情は大きく変わるだろう」

たしかに、私もそう思う。しかし、一番効率的なのは、自分が住んでいる近くで切った木を乾かして薪ストーブで燃やすことである。どう考えても、これが一番効率がいい。木を燃やして電気を起こすとなると、燃やしてできた熱エネルギーの三分の二は使われぬまま逃げてしまうのだ。技術的には、逃げてしまう熱を使ってお湯を沸かしたりする「コジェネ」というシステムがあるが、木を燃やして電気をつくるとなるとこのコジェネ技術が必要となる。でも、燃やして熱としてそのまま使うのが一番であるということは言うまでもない。

(3)　小泉政権がはじめた政府の施策。農水省大臣官房に担当責任者がいる。

少し加工した状態が、最近はやりの「ペレット」である。ストーブやボイラーに、すでに使用されている。岩手県ではかなり普及しているし、岡山県でもビニールハウス用のペレットボイラーがかなり普及しているようだ。石油が高くなってきた現在、価格的にも石油に比べて安くなってきている。ただ、輸送費が最大のネックとなっており、身近な所に原料とペレット工場があれば石油と張り合うことができる。要するに、地産地消すれば何とかなるということだ。実は、これはとても重要なことなので、のちにもう一度触れたいと思う。

先述したように、お国の偉い方は繊維（セルロース）を糖に分解してエタノールをつくるという方法をお考えのようだが、繰り返すが、やはり直接燃やしてしまうのが一番効率がよい。ただ、エタノールにすればその用途は大きく拡がっていく。ご存じのように、車の燃料としても使える。事実、ブラジルではすでにエタノールで車が走っている。ブラジルの場合、サトウキビからエタノールをつくっており、ガソリンと混ぜてスタンドで普通に売っている状況となっている。

日本でも、二〇〇七年から「E3」といって、ガソリンにエタノールを三パーセント混ぜることをはじめた。はじめたといっても試験段階で、普及するのにはまだまだ時間がかかるだろう。しかし、二一世紀の日本のエネルギーのかなりの部分はこうしたバイオマス系のエネルギーに変わっていくことは確かなようだ。それを可能にするためにも、早々に森林のデータを蓄積し、地域ベースでビジネスモデルをつくっていかなければならない。

「伊勢千年の森構想」に思う

エネルギーについては、今後続々と新しい技術が登場して、より効率的な木質バイオマス利用の方法が出てくると思う。いまのところ、効率、経済性の面で何とかやっていけるのはペレットくらいだが、条件が許せば発電することも可能である。すでに、山口県では巨大な木質バイオマス発電所が稼動している（ファストエスコの岩国ウッドパワー[4]。二〇〇六年一月、商用運転開始。一万キロワット級）。

こうした近代技術を用いた新たな森林の利用に目を向けることも大切だが、もう一度森林の総合的な力を振り返ることも必要となる。この話もまたあとで触れたいと思うが、よく考えてみると、その昔、日本が持続可能な社会だったころは人々は「森」を食べていた、といえる。そして、エネルギーの大半も薪や炭として森から頂戴してきたのだ。

（4）（本社）〒一〇四－〇〇三一　東京都中央区京橋二－九－二　第一ぬり彦ビル
TEL　〇三－三五三八－五九八八
（岩国発電所）〒七四〇－〇〇四五　岩国市長野一八〇五－七　TEL　〇八二七－三九－〇五六七

以前、私が旅したインダス川上流の荒涼たる乾燥地帯で、わずかに人が住んでいる場所が森林のなかだったのを思い出す。高山の氷河から流れる急流の周囲だけにわずかな森があり、そこにだけ人が住んでいる。しかも、その森の大きさとその集落の大きさがほとんど比例しているのだ。人は、森なしに定住生活を送ることができない。砂漠の民ならいざ知らず、我々定住民を背後で支えるのは明らかに森である。私自身、インダス上流への数回の旅がなかったらこのことを認識することはできなかったと思う。ましてや、現代の都会に住むあなた方にそのことを実感してもらうのは困難だろう。でも、このことは皆さんに充分理解していただきたいことである。

森林に関しての話を終わるにあたって、次に挙げる重要な言葉で締めくくりたい。この言葉は、伊勢千年の森構想のなかで「伊勢宣言」として発表されたものだ。

「……環境問題や南北問題に象徴されるように人間社会を貫く『合理性』の概念により構築された近代文明の限界は明らかである。

すでに文明の転換や、脱近代の必要性が叫ばれているが、その方向に一歩踏み出すためには、根本的な理念の転換と、それに基づく実践が必要である。

我々はそのために、人々の精神的、文化的、経済的なよりどころである森を我々全てが共有する社会資本と位置づけ、「保続可能な森」の概念に基づく千年の森づくり構想を提示したい……」

第2章 食卓の窓から——畑で何をつくってきたか

食卓の窓から

私の農業暦

恵那に引っ越す前、名古屋に十年ほど住んでいた。最初の五年は有名な「一〇〇メートル道路」に沿った公団住宅だったが、その後、少し郊外のマンションに引っ越した。

公団住宅の屋上では、住人のプランターがたくさん並んで花や野菜をつくっていた。都会のど真ん中に住むと自然から完全に隔離された感じがしてしまう。屋上は、そういう都会人のマスターベーションの場所になっていたのだ。その後、「屋上緑化」なんていう言葉が誕生したが、そんな言葉のないときから公団の住人たちは屋上を利用していたのだ。私は、ときどき屋上に七輪を持っていってバーベキューを家族らとしたが、そうでもしないと都会生活はやっていけなかったのだ。

郊外のマンションに引っ越してから、名古屋市の農業センターが市民農園の利用者を募集していることを知った。何と、倍率五倍の狭き門を突破してその利用権を得た。利用料は年間六〇〇〇円で、広さは何と一〇平方メートル。いまから考えたら悲しいほどの狭さである。でも、そのときはうれしかった。とにかく、五倍の難関を運よく突破したのだから。

毎週末に一生懸命出かけ、一年で数十種類の野菜をつくった。農業センターなので、しっかりと耕した農地となっており、指導員もいた。とても親切な方で、何でも教えてくれた。基本的な農具（鍬など）も無料で貸してくれたし、教科書ももらった。これは、いまでもときどき使っている。さすが、公営の市民農園！　しかし、六〇〇〇円も払ったのだから当たり前かな？

家で出る生ゴミは牛乳パックに保存し、毎週毎週、この小さな農園に埋めることにした。しかし、この行為にはあまり意味がなかったようで、指導員の方に笑われてしまった。

「生ゴミ入れるのはいいけど、夏場に入れたヤツが肥料になるのは冬くらいかな？　次の人のためにはなるけど、あなたたちがつくる野菜の肥料にならないよ！」と、言われてしまった。毎年抽選で利用者が決まるので、短期勝負で野菜をつくるしかない。四月の終わりころはじまって二月ころには撤退しなければならない。したがって、タマネギ、エンドウなど、四月をまたぐ野菜はつくれないのだ。

それでも、たくさんの種類の野菜をつくった。どんな野菜をつくったかは思い出せないが、とにかくたくさんつくった。いま覚えているのは、ゴマまでつくったことである。一〇本ほどのゴマが育ったが、採れた種は小さじ一杯ほどだった。小学校の社会の時間に聞いた江戸時代の話で、「年貢とごま油は絞れば絞るほど出てくる」という話があった。実際ゴマをつくってみると、なかなか現実感が沸いてこない。いったい、どうやったらごま油を絞るほどのゴマが生産できるのだろう。

我が家は全員ゴマが大好きで、いつもゴマが食卓にあるのだがこれはきっと中国産に違いない。日本でゴマを栽培してごま油をつくったらいくらになるんだろう。『太白ごま油』とかいう高いヤツ、あれは国産のごまでつくっているのだろうか？　あれだってきっと中国産だろうな、と思ってしまう。

猫の額ほどの市民農園ではあったが、この一年間はとても楽しかった。「もしかして、農業は俺に向いている？」などと思ってしまった。もちろん、女房も大いに楽しんだが、毎週付き合わせた当時三歳くらいだった次女は、夏以降、多量の蚊に攻撃されて農業が少々嫌になったようだ。

ところで、いま「農業、農業」と書いてしまったが、よく考えるとこれって農業だろうか？　正確にいえば「ちょっとした畑仕事」であり、このわずか一〇平方メートルの猫の額で畑仕事をやったからといって、農業に向いているかどうかなんて分かるはずもないのだ。

少々拡大し、妻の実家で

それでは、と、次の年はもう少し規模を拡大してやってみることにした。幸い、女房の実家が美濃市にあり、空いた農地があった。そこを借りて、早速行動を開始した。これが結構たいへんだった。何がたいへんだったかって、まず開墾からしなければならなかったのだ。

女房の実家は美濃市といっても板取川に入ったところで、美濃和紙の主産地として有名なところ。いまでも紙関係の仕事をしている人が多い。全国どこに行っても和紙の産地は山奥で、農地は非常に狭い。農地が狭いから、昔から和紙をつくって生計を立てていたのだ。平家の落人部落だったとかいわれているが、全国の和紙の産地はそういうところが多いらしい。

こうした地域では、農業に力《リキ》を入れてやっている人はほとんどいない。地域の田圃《たんぼ》は地域のお米屋さんが一手につくっており、米づくりなどほとんどの人が興味ない。住民の多くは、紙関係の工場を経営しているか、その従業員であるかのどちらかである。女房の実家もご他聞に漏れず、ペーパーナプキンなどの紙製品を製造している。ちなみに、板取川は鮎でとても有名な所でもある。五月の解禁後は、実家の前でもたくさんの鮎釣り客が所狭しと竿を下ろしている。

そんな風土なので、一戸当たりの農地は狭い。周辺の農地では自給用の野菜づくりが行われているだけで、市場に出荷している人は皆無といえる。このようなところで、三〇〇坪（一反）ほどの農地が使えることになった。市民農園に比べると一〇〇倍の広さである。さすがにちょっと広すぎるので、三分の一だけ開墾することにした。当然、ここでは四月をまたぐ野菜もつくれる。ただ、名古屋から七〇キロメートルもあり、月に二回くらいしか行けなくなってしまった。我々がやりはじめたせいか、いままで畑仕事をしていなかった女房の両親も畑仕事をするようになって、我々が管理しきれない分をやってくれた。

規模を拡大した畑仕事、これもかなり楽しかった。これだけ楽しめたのだから、「きっと我々夫婦は畑が好きなんだ！」と素直に思った。そのときの私は、企業の従業員の健康管理や健康指導、そしてそのためのソフトウェアの開発という仕事をしていた。そうした都会的な仕事は健康によくない。せめて、休日は自然のなかにいたいと常に思っていた。畑仕事をはじめたのは、理屈を言えば、食生活の重要性というか、安全な食の確保ということが発端である。健康にかかわる仕事をしていたこともあり、現代の食の危険性については普通の人よりも認識していたし、それに料理も好きだった。

若いときは山登りに没頭し、海外遠征にも一〇回以上は行った。そんな人間が、都会の真ん中で住み続けられるわけがない。何とかして都会を脱出しようとずっーと戦略を練っていたのだ！でも、農作業が自分に向いているかどうかを一応試してみる必要があると思っていたので、やってみた。やったら、かなり面白かった……こうなったらやるっきゃない！

コメをつくってみる

女房の実家で畑仕事を行うようになってから我が家の土地探しがはじまった。仕事をソフトウェアの開発に限定すれば、場所はどこでもよかった。当時のクライアントは東海地方の周辺だったが、日本アルプスの近くだっていいかも知れないと思った。ということで、かなり遠くではあるが、信濃大町周辺まで土地を見に行った。情報源は『競売物件新聞』、『田舎暮らしの本』という新聞や雑誌などで、よさそうな物件があるととにかく見に行った。

そんなある日、『田舎暮らしの本』のなかに恵那市で新規就農者の募集をしていることを女房が見つけた。すぐに電話をした。

「あのー農業をしたいんですけど！」と女房。

「すぐ来なさい！」と、恵那市アグリパーク（市と農協でつくった施設）の担当者。

すぐ、行くことになった。なんて軽はずみな人間だ、と思われるかも知れない。そう、その通りです！　何といっても、我々夫婦が自身の軽はずみなことに驚いている。でも、「こういう人間がいないと世の中は変わらないいんだよね！」って言いたい。

行った日、すぐに親切な恵那市の担当者に数箇所の空家を案内してもらい、一番ロケーションのよかった現在の我が家の隣に引っ越すことにした。何の縁もゆかりもない場所だったが、とにかく引っ越すことになった。不安は当然あったが、やるときはやるんだ!!

子どもの学校のこともあり、引っ越しは八月にした。周辺の農地を借りて農作業を開始。まずは野菜づくりからスタートした。仕事は少し縮小したが、幸いにも近くにクライアントが集中していたので（多治見、中津川など）逆に楽になった。「よし、来年はコメをつくろう！」と固い決心をして、田圃を貸してくれる人を探した。幸い、市が仲介してくれて翌年に六畝（六アール）ほどの田圃を借りることができた。

田圃は完全に生まれて初めてである。少々インチキっぽいが「新規就農者」ということで、地域の農業指導者にマンツーマンで栽培学なるものを教えてもらった。こっちは耳学問というか、雑誌の『現代農業』などを名古屋にいたころから読んでおり、かなり頭でっかちになっていた。でっかくなった頭を、専門家の栽培学の講義でさらにでっかくしたわけである。

巨大となった頭を抱えながらコメづくりをはじめた。「共立」のポット苗で、どうしてもやってみたかった。コメづくりという行為には、実はさまざまなシステムがある。とくに、育苗から田植えまでのシステムは豊富で、最近では不耕起栽培なども加わってさらにその種類が増した。そして、そのシステムにあわせた農機具が用意されているため、コメづくりをするにはまずシステムを選択しなければならない。そして、新品の農機具をすべて用意するとなると軽く一〇〇〇万円はかかることになる。

私がやりたかった「共立」のポット苗のシステム。これを、少し説明してみよう。

一般の苗はマット状になっている。フラットな苗箱に培土を入れて、そこに籾を蒔く。籾が芽を出して苗になると、根がからまってマット状になる。こうした苗は、田植え機にかけると少しずつ根を切りながら植えることになる。これが、現在もっとも一般的に行われているシステムである。もっとも、最近では育苗を個人でやる人が少なくなり、農協が温室の中で育てた苗を植える人が多くなった。なぜ温室を使うかって、それはゴールデンウィークに田植えをする人が増えたからだ。

この地域（恵那周辺）の昔の田植え時期は六月ごろだった。その後、農家のサラリーマン化が進行していわゆる「土日百姓」が増えたため、田植えの時期が一気に早まってゴールデンウィークとなった。ゴールデンウィークに田植えをするためには、それまでに育苗を終える必要がある。恵那の冬は寒く、春は遅いため、温室で育苗せざるを得ない。育苗のための温室をもっている農家はいないため、農協の仕事となった。

少し脱線したが、「共立」のポット苗は、小さなポットが集まったような育苗箱でつくられ

田植え後

る。一つのポットに三粒ほどの籾を入れて育てる。専用の田植機があり、根を切らずに田植ができるので苗にとってもいい環境である。「苗半作」と言われるようにコメづくりの半分は苗づくりで、苗の良し悪しでコメのできが決まってしまうといっても過言ではない。このようなことを一生懸命勉強した（あるいは勉強しすぎた）おかげで、「共立」のポット苗システムに固執することになった。

農機具一セットをすべて揃えて一〇〇〇万円は、どう考えても私には無理、というより無謀。コメづくりで儲けるのはほぼ不可能なことも勉強していたので、共立の育苗箱だけを購入して田植えは手植えと決めた。一つの育苗箱に一〇〇〇ほどのポットがあり、その一つ一つに籾を三粒ずつ入れる作業は気の遠くなるような仕事だった。実は、育苗箱に籾を蒔く「播種機」という機械があることは知っていたが、一年目ということもあり播種機を買うのはやめて手で蒔くことにしたのだ。

品種はコシヒカリとヤマヒカリ（この地域で栽培されている品種）に決め、二五枚ほどの育苗箱を手作業で完成させた。庭先に並べ、毎日、「苗半作、苗半作」と唱えながら水をやって育てた。

代かき（田圃に水を張り、こねる行為）はトラクターがないとできないので、これは人に頼んだ。そして、五月の終わり、生まれて初めての田植えをした。東京から友達が応援に来てくれたので、何とか一日で終えることができた。その後、除草剤を撒き、肥料を施し、水管理をし、秋に稲刈りをした。それなりにうまくできたと自負している。刈った稲は庭先の物干しに架けて乾燥させ、機械をもっている近所の人に頼んで脱穀してもらった。初めて自分でつくったコメは格別にうまかった。でも、ひょっとしたら自己満足かもしれないと思い、名古屋の米屋に行って飛び切り高い「魚沼コシヒカリ」を五キロ購入して食べ比べた。驚いた！　私のコメのほうがうまいではないか!!　「ふふふ、ざまー見ろ！」と密かに思った。

恵那のコシヒカリは、決して有名ブランドではないが大阪のコメ問屋に行けばとても評価が高いらしいことをあとで知った。また、一般の米屋が「新米」と称して古米を混ぜて売っていること、さらには「コシヒカリ」と称して他の銘柄をミックスしていることもあとで知った。最近では厳しくなったようだが、その当時はそうしたことが横行していたのだ。

ところで、これは農業全般にいえることだが、作物を育てるという行為は、投下する物資に対する生産物の量は莫大である。たとえば、コメの場合は、わずか一粒の籾が「分けつ」し（茎が分かれること）三〇本くらいになり、その一本一本に一二〇粒の籾ができることになる。つまり、一粒の籾から三六〇〇粒の籾ができることになるのだ。年利三六万パーセント！　こんな金融商品がほかにありますか⁉

一挙に三町歩（三ヘクタール）

たまたま、近くに耕作を放棄している巨大な田圃があった。畦を入れると六町歩という大規模な耕作放棄田である。なぜ、畦を入れると面積が倍になるのかお分かりだろうか。答えは、かなりの傾斜地にあるからだ（いわゆる「棚田」）。

昭和四〇年代に農地整備をしたようだが、転がりそうな斜面に二五枚ほどの田圃があり、ごく一部を除いて耕作が放棄されていた。地主が若いときはちゃんとやっていたようだが、年をとってからはとてもできなくなったようだ。田圃をすべて耕していた当時は、七月半ばまでかかっての田植え、雪が舞うまで続いた稲刈りと、たいへんな苦労をしてこの広い面積でコメをつくっていたのだ。

昭和四〇年代、日本の人口はうなぎ上りに増え、それにともなって食糧の需要が高まった。国も、「どんどんコメをつくれ」と言って稲作を奨励した。補助金が付くとはいえ、自己負担もしながらの農地整備をどんどん行い、農家もやる気満々だった。しかし、その直後から今度は減反政策がはじまった。日本人の食生活が一気に欧米化し、一人当たりのコメの消費はどんどん減っていった。そういえば、私の小学校時代の給食はすべてパンだった。「コメを食べると馬鹿になる。パンを食べると頭が良くなる⁉」というような迷信をGHQが流したとかいう話もあった。「減反」と言われて農家は一気にやる気をなくし、そして農家は高齢化していった。このような歴史のなかで耕作放棄地が増えていったという話を、地主である農家の老人に聞いた。

私は、この広大な田圃を相手に格闘することにした。とにかく広い！　畦の草刈りを冬からはじめたが、二か月ほどやってもまだ半分といった感じだった。中古のトラクターと田植機を買い、三町分すべてを耕した。なかには沼になっている田圃があり、トラクターが立ち往生したこともあった。田植えのシステムは、初年度と違って共立の筋蒔きにした。ポット植えのシステムが普及していなかったため、中古の農機具一式が手に入らなかったのである。いまでも使っている中古のトラクターと田植え機の一式で三五万円ほどだった。トラクターは、とても勇ましいメーカー名で「日の本《ひのもと》」という。

育苗もたいへんだった。一反に二四枚の育苗箱が必要になり、単純計算で七二〇枚となる。七二〇枚の育苗箱に土を入れ、種を蒔き、整備した田圃に並べるだけでも一苦労である。ずらっと並べ

育苗完了

た育苗箱には新聞紙をかぶせ、その上からビニールシートをさらにかぶせる。こうしないと、四月からはじまる育苗期間中に霜でやられてしまう恐れがあるのだ。発芽すると、カバーしてあった新聞紙とビニールが膨らんでくる。この時期が五月半ばで、その後は霜が下りる恐れがようやくなくなるのだ。

何人かの知り合いが手伝いに来てくれたが、この年の田植えが終わったのは七月中旬だった。そして、稲刈りが終わったのは何とクリスマス過ぎ。凍った田圃にわずかに降り積もった雪を踏みながら、コンバインを進めていった。この作業を仕事（本業）をしながらやったので、もうヘトヘト。これが本ちゃんの農業か、と思った。

徐々に縮小し、三〇アール弱へ

その後、さまざまな経緯を経て現在は三〇アール（三反）弱、当初の面積の一〇分の一に縮小してコメづくりを続けている。この経緯に関しては、別の機会にしたいと思っている。

コメづくりの話は奥が深い。話し出すときりがないが、ただ一つだけ言えることは、コメは日本の食と農の根幹だから絶対に死守する必要があるということ。そして、単に食糧確保というだけでなく、ダム効果や生態系の保全というとても重要な機能があることを押さえておく必要がある。ダム効果だけで年間三兆円という試算がある。ちなみに、最近湛水がはじまった徳山ダムは総工費七五〇億円だった。ということは、このダム四〇個分の価値が水田から毎年生まれていることになる。

なお、最新の情報によると、稲藁からエタノールができる技術を世界の「HONDA」が開発したらしい。一キログラムの稲藁から二五〇グラムのエタノールができるという（朝日新聞二〇〇七年五月一一日付参照）。もし、これが本当ならすごいことになる。一反（一〇アール）当たりの米の収穫量は大体五〇〇〜六〇〇キログラムとなるので、稲藁はその一〇倍くらいはできるだろう。この計算でいくと、稲藁は一反当たり五〜六トンできることになり、その稲藁からつくられるエタノールは何と一二五〇〜一五〇〇キログラムとなり、すごい量となる。

私が年間に使用する石油を計算すると、約二〇〇〇リットル（移動量が多いので、車用ガソリンが一五〇〇リットル、農業用ガソリンが二〇リットル、その他、給湯用灯油、暖房用灯油を合わせて五〇〇リットルくらい）となる。エタノールの熱量を石油の三分の二とすれば、石油二〇〇〇リットルはエタノール三〇〇〇リットルとなる。そして、このエタノールを生産するための田圃の面積は二・五反くらいとなるので、いま私がやっている田圃の面積に相当する。ということは、田圃を続ければ未来永劫エネルギーには困らないということになる。

いま流行の食物由来のバイオエタノールではなく、藁からつくるために食糧危機対策と両立する。この技術、日本にとって起死回生の一発になるかも知れない。そして、こうした技術はこれ以外にも頭をひねれば必ず出てくると私は考えている。

野菜づくりは自給率を上げるか?

さて、コメの次は野菜の話をしてみよう。ここのところ、都市部の市民農園はどこも大盛況のようだ。市民農園のニーズがどこにあるのか、単なる農への憧れか、安全な食への憧れか、自給率の向上か……よく分からないところがある。自然志向の人にとってある種の満足が得られることは分かるが、ソ連崩壊後に食糧難解消のために普及した市民農園のような切迫感があるわけではない。

私の野菜づくりのミッションは明確である。自給率をどこまで上げられるか、である。なぜって、一〇年後には世界的な食糧危機が訪れるからである。最低限家族の分だけを自給することができれば、危機が起ころうと「OK」という「自己中」的な発想である。ただ、私を見て多くの方々が畑仕事をするようになったのは事実で、多少の社会的ミッションを口走っても罰は当たるまい。

これまでさまざまな野菜をつくってきたが、いまのところは技術を習得し、来るべき食糧危機に備えるという準備期間と考えている。したがって、あまり力《リキ》を入れていない。実のところ、何となくやっているだけだが、やっているといくつかのことが分かってくる。当たり前のことかもしれないが、ジャガイモは年二回できるとか、玉ねぎは年一回しかできないとか、長ねぎは葱坊主が出るころからの数か月以外は結構長い間食べられるとか、アブラナ科（菜の花、大根、白菜、キャベツ、コウタイサイ、その他色々）だったら花はすべて「ナバナ」として食べられるとかといった重要な情報が入ってくる。また、菊芋（この地域の特産）や瓜科の野菜は恵那の風土に合っているといったローカルな情報も重要となる。ズッキーニなんかがとてもよくできる。さらに、できた野菜の保存方法を習得することもとても重要である。たとえば、恵那は寒いのでサツマイモの保存がとても難しい。洗ってから乾かして、新聞紙で一つずつ包んでできるかぎり暖かいところに保存しないと春までもたないのだ。

こうした情報が実はとても大切なのだが、あいにくとノウハウ本がない。逆に、「ジャガイモのつくり方」などという栽培技術は巷《ちまた》に溢れている。どうも、農（栽培）と食（料理）が分離された感じだ。そして、農と食の中間にある「保存」に関する情報はどこかに行ってしまっているようだ。本来なら、栽培、保存、食を一体化した技術本が欲しいところだ。

また、食を中心に考えると「加工」技術も重要となる。ここでいう加工とは、料理による加工ではなく、たとえば小麦の製粉とか味噌や醤油の製造、そしてやったことはないが搾油なども含まれる。また、加工とはいえないが豆類の脱穀技術なども重要だ。したがって、農から食に至る壮大な過程すべての技術や情報が、もし自給するなら必要になる。こういった技術や情報は、実は七〇歳以上の人なら誰でも知っていることだが、食品流通が極限まで発達してしまったいま、不要のものとして葬り去られようとしている。これは、大げさにいえば農から食までの「智の体系」の崩壊であり、とてもヤバイと私は感じている。

何坪あれば自給できるか?

自給を目的とした家庭菜園を考えたとき、どの程度の広さがあれば可能かを考える必要がある。そして、その面積を決める際、一年にどのくらい食べるかを決めなくてはならない。たとえば、ジャガイモの場合、四人家族で一年に五〇キログラム食べるとする。ちなみに、この数字は、日本人の平均的ジャガイモ消費量一二・五キログラムから算出したものである[1]。となると、ジャガイモの反収（通常一〇アール＝一反に採れる収穫量）を二・五トン／一〇アール（「カルビー」のHPより）とすれば、必要な面積は〇・一アールとなる。〇・一アールって、どの位の広さだか分かりますか？　一アール＝一〇〇平方メートルなので〇・一アールは一〇平方メートルとなる。その昔、私が名古屋の市民農園で借りていた広さだ。

さて、こんな感じで野菜ごとの必要面積が出たら次は年間の栽培計画を春につくる。どういうものかというと、それぞれの野菜を何月にどれだけ植えていつ収穫するかという表と、畑の区割り図である。これで、とりあえず計画ができたことになる。夏野菜に先行してジャガイモを植える必要があり、冬を越したタマネギはこの時季が育ち盛りだ。エンドウ、ソラマメあたりも収穫期前。したがって、それら以外の場所の計画を立てることになる。

次に問題となるのが植える野菜の順序である。たとえば、春ジャガ収穫後の一〇平方メートルに何を植えたらよいかを考える。というのも、同じ野菜を昨年と同じ場所に植えると連作障害を起こすからだ。ただ、トマトのようなアンデス原産の野菜はビニールの下が好きなため同じ場所に植えざるを得ない。私の畑にも雨をしのぐ程度のビニールハウスがあり、毎年、そこにトマトを植えている。

このように、毎年うまくつくるためにはさまざまな技術や知識が必要となるが、本書はノウハウ本じゃないからこのあたりでやめておくことにする。ただ、繰り返しになるが、こうしたノウハウ本が実際にはほとんどない。ほとんどの家庭菜園のノウハウ本はトマトのつくり方とかキュ

（1）　なお、あなたがドイツっぽい人ならばジャガイモ消費量はうんと増える。ドイツ人の平均ジャガイモ消費量は日本人の約五倍の六六・五キログラムだそうだ。ジャガイモは春と秋に二回収穫できるので、一回の栽培で三五キログラム採れればいい。

ウリのつくり方といったものばかりで、必要面積の出し方や連作障害を防ぐ方法などについては専門書の領域になってしまっている。

有機農業とは

ここのところ、有機農業に関するニーズがどんどん高まっている。こうしたニーズは、単に消費者サイドの志向だけでなく、土壌を回復させ持続的に土地利用を行う必要性、さらには物質循環を推進するための生ゴミ利用といったさまざまな角度からの要請によるものだ。たとえば、山形県長井市では、すでに一〇年ほど前から「レインボープラン」というシステムを立ち上げて、市内の生ゴミを回収して肥料化している。つまり、市内で販売されている多くの野菜は市内で出た生ゴミを肥料としているわけである。この長井市を筆頭に、多くの市町村でこのような取り組みがはじまっている。

また、ドイツでは、だいぶ以前から化学肥料による土地の疲弊から土壌を回復させるために有機肥料を普及させている。単に美味しさだけでなく、持続可能な農業を推進するための重要な要素が有機栽培にあることは間違いないだろう。「窒素・燐酸・カリ」という肥料の三要素を化学的に合成して撒けば、確かに作物はよくできる。最近では、化学肥料は多種多様となっており、コシヒカリ専用の「コシヒカリ化成」というものまである。しかし、欧米先進国と比べても日本は肥料のやり過ぎで、土壌の微生物は参りかけている。いうまでもなく、できるかぎり有機肥料にしたほうがいいに決まっている。

我が家では、あとでお話するコンポストトイレから出る肥料と薪ストーブから出る灰を主に使った有機栽培をしている。この方法も完全ではなくさまざまな問題を秘めているが、無鉄砲な私はまだまだチャレンジしていくつもりである。

ということで、次は無農薬は可能かという話をしよう。結論からいうと、可能だが非常に困難である。とくに、コメは困難となる。私のようないい加減なにわか百姓はいうまでもなく、専業農家にとっても困難だろう。野菜には極力農薬は使わないようにしているが、コメだけは一回だけ除草剤を撒いている。これを撒かないと、雑草のなかに細々と稲が生えているという状態になってしまう。

野菜に関しては、こまめに昆虫の幼虫を取れば何とかなるが、これが結構たいへんな作業となる。とくに、夏に種を蒔く秋・冬野菜の白菜をはじめとしたアブラナ科の野菜なんかはシロチョウ科の蝶の餌食になる。対策としては、上に不織布をかぶせるなどして物理的に蝶が入らないようにするのが効果的だ。一度卵を産まれたら最後、幼虫を一匹一匹つまみ取るのはほとんど不可能で、最後には筋だけが残った網目状の白菜となる。

篤農家といわれる熱心な農家は、木酢におろしニンニクを混ぜた特殊な有機農薬を撒いたりしているが、偽百姓の私はそのような面倒なことをしたことはない。

隣の俊ちゃんの日本ミツバチ

さて次は、甘味料の自給について考えてみたい。一般的な甘味料である砂糖は、日本の場合、北海道のシュガービートと沖縄のサトウキビが原料となっている。したがって、甘味料を自給するとなるとそれなりの工夫が必要となる。

隣の俊ちゃん（宮地俊郎さん）は、専業農家で独り暮らし。一昨年お父さんが亡くなって一人になってしまった。とてもやさしい人で、生前お父さんに飲ませるために日本ミツバチを飼っていた。いまでも飼っているが、西洋ミツバチに比べて養蜂は難しいらしい。しかし、味は最高！ときどきお裾分けをしてもらうが、市販のものとは比較できないくらい美味しい。

この間、この日本ミツバチが分蜂した。春になると必ず分蜂するが、分蜂するたびに俊ちゃんはたいへんである。ネットをかぶり、完全装備で女王蜂を追いかけるはめになる。遠くから見ると、木の幹がブクッと膨らんだように幹の周りに蜂の大群が集まっている。この光景を初めて見たときは感動した。タモ（網）で幹についた蜂の大群をこそげ落し、巣箱に移す。今年は木の幹ではなく小屋の軒下に群がったため、その近くに巣箱を設置して移動させたようだ。

いまでは、先にも述べたように甘味料といえば砂糖が一般的だが、蜂蜜が定常的に手に入れば砂糖なしでもOKかも知れない。暇になったら私もやってみようと思っている。とりあえず、俊ちゃんのやり方をしっかり観察して来るべきときに備えることにする。もし、完全な自給をめざすのならどうしても砂糖の代用品が必要になる。少々贅沢だが、ハチミツが手に入れば最高の代用品となる。

日本ミツバチ

都会人憧れの家庭菜園!?

最近、東京では一〇平方メートルで年七万円の市民農園とか、成城の駅前には年会費三〇万円の市民農園があるとか聞く。岐阜の田舎に住む私には、考えられない状況が発生しているようだ。いまや、市民農園は都会人憧れの的といったところなのか。お値段のことはさておき、喜ばしいことだと思うが、そんなにやりたいんなら田舎に住んだらいいのにとも思ってしまう。まあ、くだらん娯楽よりはマシではあるが、このような現象を遠くから観察している田舎者としては、驚き、半ば呆れていることも確かだ。

数年前、女房の実家の耕作放棄地を使って、県と美濃市と協働で「耕作放棄地再生事業」というものを行った。そのとき、いわゆる市民農園についてかなりの調査をした。このときの調査によると、多くの自治体で市民農園を事業として行っていることが分かった。東京や大阪のような極端に自然の少ない所では事情が違うが、実は多くの自治体で失敗をしている。利用者がいないのである。なぜだろうと思って調査をしてみた。東京の人には考えられないかも知れないが、利用率の低い市民農園が全国にはたくさんある。逆に、数少ない成功事例を調査して「なるほど!」と思った。

いろいろ調べた結果、恵那の隣の瑞浪市が成功していることが分かった。瑞浪では、いわゆる市民農園法が施行される前から市民農園事業を行っている。すべて住宅地のなかにある農地で、宅地の隙間に残された農地を市が仲介して貸し出している。何か所か見学させてもらったが、どこも隙間なく使われていた。

正確にいうと「貸出」ではなく「入場」で、観光梨園、ぶどう園などと同じ方式をとっている。利用者は、毎年「入場料」を払っているわけだが、なぜそうしているかというと農地の貸借は農家以外にはできないからだ。多くの利用者（入場者）が、自宅から徒歩か自転車で農場に行っている。市民農園法に則った市民農園の場合には特定の広さが必要となるし、トイレなどの付帯設備も必要となってくる。しかし、この方法だとそんなものは一切必要ない。

その瑞浪市で、最近、住宅地から少々離れたとてもいい農地が市民農園になった。農家が高齢化して、市民農園に提供したいと市に申し出たのだ。倉庫もあるし、住宅地からは車で五分強と非常に近いのだが、それでも募集をはじめたら集まらなかった。

自宅から農地までの距離が、利用者にとってはとても重要な要素となる。利用者の多くはご他聞に漏れず中高年で、毎日畑に行く時間がある。また、夏野菜をつくる場合、キュウリなどは一日おくだけで巨大化してまずくなってしまう。毎日通って収穫することができないとだめなため、自宅に近ければ近いほどいい。

東京や大阪のような大都市ではない地方の中小都市で市民農園を成功させるためには、街なかでないとだめだということだ。ちなみに、瑞浪市の場合、一年の「入場料」は確か二〇〇〇円で、広さは三〇～五〇平方メートルほどだった。東京で一〇平方メートルに七万円払っている皆さん、いかがですか？

つくろうとするな――農とは環境整備のこと

コメや野菜をつくってつくづく感心するのは遺伝子の偉大さである。コメを「つくる」、野菜を「つくる」と簡単に言うが、本当につくっているのは人間ではなく遺伝子である。人間は、ただ環境を整備しているだけでしかない。だから、いかにいい環境を整えるかということが基本となる。

もし、あなたが子どものころからサプリメントだけで育ったらどんな人間になっただろう。窒素・燐酸・カリなどの化学肥料に依存した農業とは、そのようなものだ。生ゴミは人間でいえば食材で、有機肥料は調理された料理である。そして、化学肥料がサプリメントである。確かに、サプリメントだけでも人間は育つだろう。でも、それだけではあまりにも悲しい。きっと、野菜にも心はあるはずだ。化学肥料だけを与えられた野菜は図体は大きくなるが、精神は病んでいるに違いない。そして、それを食べた人間の精神もきっと病むことになるだろう。

ある日、テレビで料理の鉄人の道場六三郎さんが「料理とは、食材を『成仏』させる行為だ」と言っていた。その通り、と私も思った。「いただきます」とは命をいただくことで、人間は動植物の命をいただいて自分の命を永らえている。よって、料理とは人間のために命を投げ出して

図２　日本の食糧自給率の推移・カロリーベース

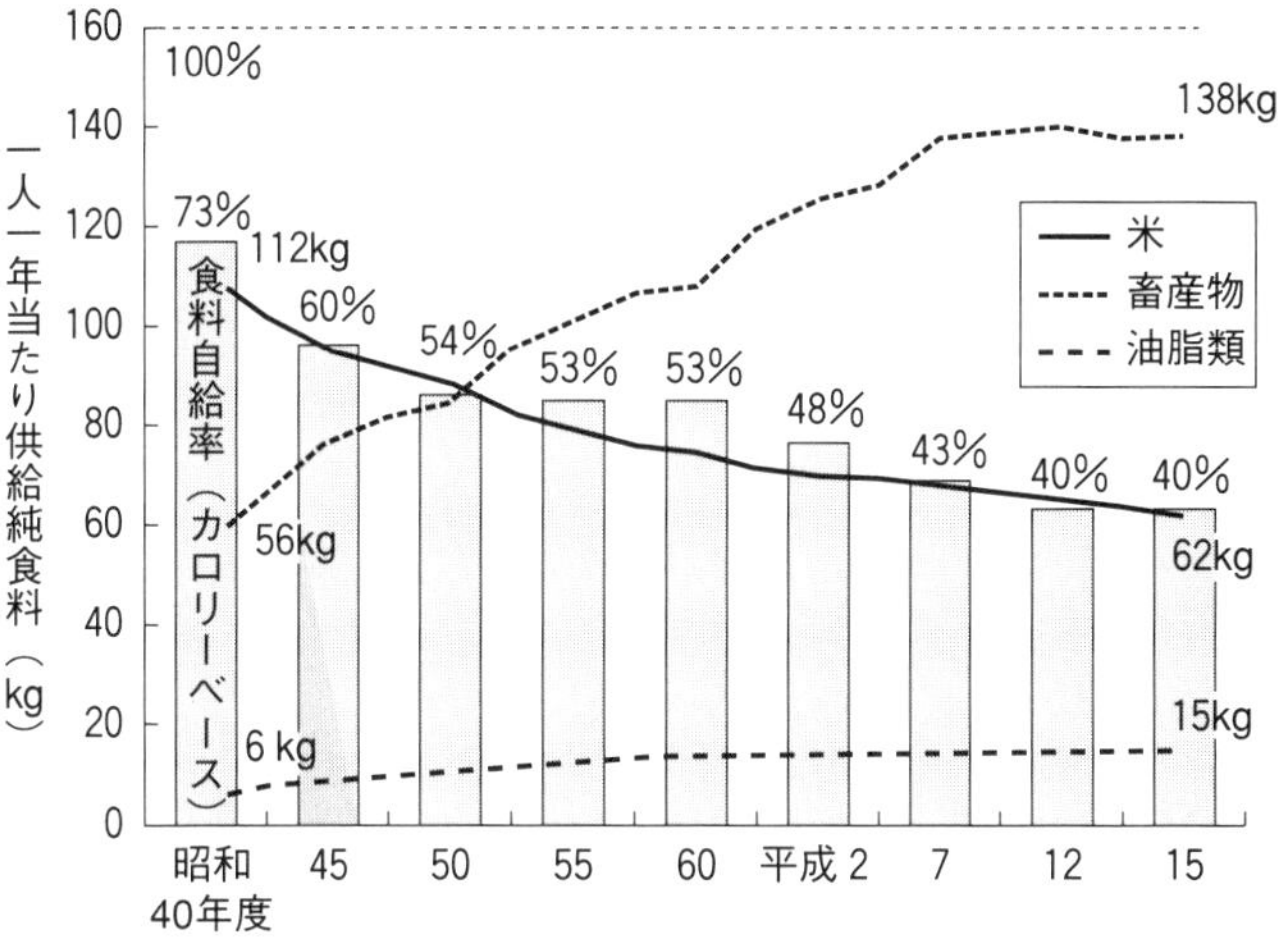

くれたあらゆる生物を成仏させる行為である。だから、決して食材を無駄にしてはいけない。ましてや、食事を残すなどもってのほかである。

我々より前の世代は、当たり前のようにこうしたことを学んだ。昭和二九年生まれの私の幼少時代は、ようやく戦後の荒廃から立ち上がった時代である。いまのような飽食の時代では決してなかったため、みんな痩せていた。小学校の健康優良児といえばたいてい中小企業の社長の息子で、そいつだけ肥っていた。結核が死因の第一位で、肥っていることが健康とされた時代だ。こんな時代だから、食事を残すことは罪悪だった。もちろん、私にも好き嫌いがあるのでときどき残すことはあったが、そのたびに罪悪感を感じた。

私は、好きなためしょっちゅう料理をするが、おそらく私の料理は一般的にいわれている「男の料理」ではない。つまり、何をつくるか決めてから食材を買いに行くということはない。冷蔵庫にある食材を見て、そして畑にある食材を考えて料理をつくっている。同じ食材を使ってまずいものをつくるということは犯罪行為と思っている。ときどき、女房がいい加減な料理をすると激怒してしまう。まったく、たいへんな旦那をもったものだと同情している。でも、よその家庭よりきっと美味しいものを食べていると思っている。

食糧自給率の話

現在、日本の食料自給率はカロリーベースで約四〇パーセント、穀物自給率にいたっては二〇パーセント強である。この数字は、OECD諸国（先進国群）のなかでは最低で、それも群を抜いて低い。ヨーロッパは、EU全体で見ればほぼ一〇〇パーセント、アメリカ、カナダ、オーストラリアなどはご存じの通り食糧輸出国である。

我が家の食糧自給率はというと、残念ながら五〇パーセント弱である。コメをつくり、野菜をつくっても自給率はほとんど上がらない。理由は簡単である。国内産品は、誰がつくろうが自給率に変化はないのだ。では、カロリーベースで約六〇パーセント自給していない食糧の中味は何なのだろうか。この内、多くを占めているのがコメ以外の穀物と植物油である。具体的には、小麦、大豆、そして、コーン、大豆、菜の花などの油である。したがって、我が家の自給率を向上させるためには小麦と大豆をつくること、そして油の原料をつくることが必要となる。

小麦と大豆は多くの県で転作奨励品目になっており、我が家の周辺の減反田でも数年前から大豆をつくる農家が増えてきた。これは、とても重要なことと考えている。転作奨励品目を作付けすると、一反当たり数万円の補助金が国（県かも？）から出る。小麦と大豆は補助金を出してでも国内でつくったほうがいい、と私は思っている。一昔前なら、恵那周辺でもコメの裏作として小麦をつくっていたらしいが、これはたいへんな作業で、現在裏作として小麦を生産している農家は皆無である。

私も、一度だけ小麦をつくったことがある。秋の文化の日のあたりに種を蒔き、五月下旬～六月上旬に収穫をする。私の場合、コメの裏作としてつくったのではなく畑でつくったのでその分余裕があったが、麦の収穫後に間髪を入れずに水を入れて耕し、田植えをするとなるとかなりたいへんな作業になるだろう。しかも、小麦の収穫時期はちょうど梅雨時になるため収穫した小麦を保存するのも一苦労となる。刈り取った小麦を束ねて穂を上にしてしばらく乾し、その後に脱穀する。私の場合、小麦専用の脱穀機がなかったために足で踏んだりしながら脱穀したが、とてもたいへんだった。

また、麦は味噌などに使う以外、たいがい小麦粉として使う。ということは、製粉しなくてはいけないことになる。幸い、近所に小型の製粉機をもっている人がいたのでそれを借りたが、どうやっても市販の小麦のような白い粉ができなかった。「全粒粉」としてクッキーなどに使ったが、もし、小麦を自給するなら製粉までのシステムをワンセットもっていないとだめということになる。その点、コメは製粉の必要がないので楽である。

また、農家が小麦を生産しなくなった理由に価格の問題がある。もし、あなたが主婦なら、小麦粉の値段とお米の値段を知っているだろう。お米はピンキリだが、通常一〇キログラムで三〇〇〇~五〇〇〇円で、小麦粉は薄力粉で一キログラム一五〇円ほどである。最近はオーストラリアの大干ばつで小麦が高騰しているが、ときどき安売りで一キログラム一〇〇円というときもある。脱穀、精米で製品になるコメよりも、製粉までした小麦のほうが圧倒的に安いのだ。テレビで流行りの「一万円生活」をするためには、コメでなく小麦粉を食べなくてはならない。日本の小麦はほとんど輸入もので、とても安い値段となっている。輸入小麦に税金をつけ、国内産に補助金を付けて価格差を減少させても限度がある。生産者麦価は生産者米価よりはるかに安いのだ。だから、農家は小麦をつくりたくない。

自給率には、カロリーベースの自給率のほかに穀物自給率という考えもある。そして、穀物自給率はカロリーベースの自給率より重要であるという指摘もある。たとえば、すべての国で自給率がほぼ一〇〇パーセントの卵を考えてみる。卵は輸送時に割れやすいため、生産地と消費地は一般的に近い。性質上、地産地消せざるを得ない食材である。では、この卵は本当に「国内産」だろうか。卵を産む鶏の餌さ（飼料）のほとんどは、実は国外産である。十数年前、アメリカ中西部で起こった大規模な干ばつのためトウモロコシが高騰し、我が国の養鶏業者が軒並み大打撃をこうむった。確かに、鶏を飼っているのは国内だが、その鶏が食べている飼料は国外産なのだ。これは鶏だけでなく家畜全般にいえることで、その結果、穀物自給率が二〇パーセント強ということになってしまう。

一九七〇年代、日本の穀物自給率は七〇パーセント以上だった。そして、ちょうど同じころ、イギリスの穀物自給率も七〇パーセント台と同レベルだった。その後、わずか三〇年の間に日本の穀物自給率は二〇パーセント台に低下し、逆にイギリスの穀物自給率は一〇〇パーセント以上に上昇した。原因は国の考え方にある。イギリスでは鉄の女サッチャー[2]が首相になり、「自給率一〇〇パーセント以下では国家ではない！」という考えに従って農業をてこ入れし、一〇〇パーセント以上となったのである。

ちなみに、生活が豊かになるに従って肉食になる傾向がある。日本はもともと菜食だったため

（2）Margaret Hilda Thatcher（一九二五～　）イギリスの政治家。女性として初めて英国首相（第七一代、一九七九～一九九〇）となった。「鉄の女」などの異名をとる。

に欧米や韓国などに比べても低いが、それでも獣鶏類による蛋白摂取率は上昇している。注意しなければならないのは、家畜とは穀物を食べて蛋白を製造する動物だということだ。そして、重量あたりのカロリーは糖も蛋白も同じということ。さらに、少々雑な数字だが、鶏肉一キログラムを生産するのに必要な穀物は約二キログラムで、豚肉は約五キログラム、牛肉にいたっては約八キログラムを必要とするということだ。麻雀をする人なら誰でも知ってる「二五八（リャン・ウー・パー）」と覚えておいて欲しい。つまり、肉を食べるという行為は贅沢だということだ。一キログラムの牛肉を食べると、八キログラムの穀物を食べたことになる。

さて、日本の国土だけでどれだけの人口を養っていけるのだろうか。これに関しては議論百出し、結論がなかなか出ない。その理由はいくつかあるが、まずは食生活をフィックスしないとだめだ。いまお話したように、牛肉を食べるか食べないかによって自給の可能性は大きく変化する。いまの食生活を維持した場合の自給率と、日本人全員が菜食になった場合の自給率は大きく異なるということだ。

農水省の「レベル2」の食生活

農水省では、国外から食料がまったく入らなくなった場合を想定した日本人の献立をシミュレ

図3　国内農業生産のみで2,020kcalを供給する場合の1日の食事のメニュー例

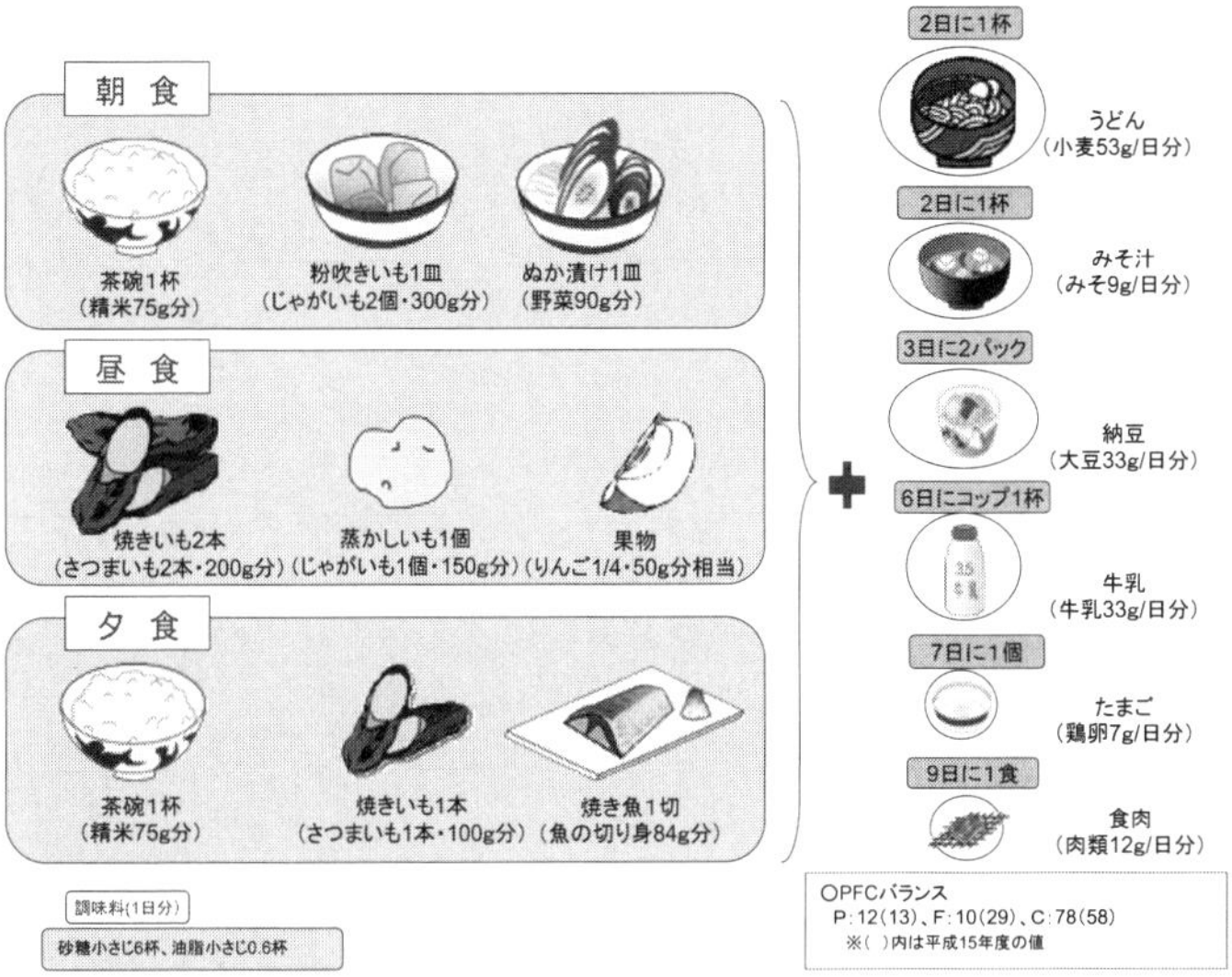

(出典)　http://www.kanbou.maff.go.jp/www/jikyuuritsu/index.html
(農水省　食料自給率の部屋)

ートしている。これを「レベル2」の食生活という。農水省は偉いもので、食料における危機管理をしっかりと行っているのだ。

この「レベル2」の献立はというと、朝昼晩の主食の半分はイモ、味噌汁は三日に一回、牛乳は一週間に一本といった感じである。皆さん、この献立に耐えられますか? 肉食はもってのほか、多くの日本人が好む味噌汁すら満足に飲めないのだ。しかし、これが我が国の等身大の食生活と考えねばならない、と私は思っている。

なお、一般論(現在の食生活を大きく変えない場合)としての可能な

食料自給率は約五〇パーセントである。したがって、国土をどんなに有効利用しても六〇〇〇万人分の食糧しかできないことになる。私の考えでは、まず健康によい菜食にシフトした食生活に戻し、そうしたうえで主食をもう一度コメにシフトすれば一億人くらいは大丈夫ではないかと考えている。これは、実は昭和四〇年ごろの食事である。決して、江戸時代の食事ではない。すでに人口減少社会に突入しているので、的確な施策を講ずれば数十年後には食料自給率は一〇〇パーセントが可能と考えている。

いずれにせよ、いまのような低い食料自給率とは裏腹に、減反四〇パーセントなどというのはどう考えてもおかしい。個人的には、サッチャー女史と同様、食料自給ができないところは国家とは言い難いとも考えている。また、国家として、第一次産業、そしてそこから生まれる一次産品を基礎とする産業構造から逸脱することは危険であるという強い信念もある。これに関しては、「自然資本主義」としてあとでまたお話することにしたい。

リン鉱石が危ない!!

さて、土地さえあれば食料自給率は上昇するのだろうか。確かに、数少ない世界の食糧輸出可能国であるアメリカ、カナダ、オーストラリアなどはすべて広大な国土をもっている。しかし、もしこうした国々の農業が化学肥料に依存しているとなると事情が大きく変わってくる。いわゆる枯渇性資源として石油は有名だが、ウランやリン鉱石も枯渇性資源なのだ。あと数十年でリン鉱石は枯渇するといわれており、もしその時期までに化学肥料から脱皮できなければ食糧生産は一気に減少してしまうことになる。土地があるだけでは作物はできないのだ。とくに、日本の農家はいまのところ化学肥料に頼っており、多量の肥料を農地に撒いている。欧米の農学者から、「日本人は国土をリン鉱石にしようとしている」と言われるほどだ。

では、リン鉱石がなくなったらリンそのものはこの世からなくなってしまうのか。そうではない。リンはさまざまな形で循環している。人間が使いやすいリン鉱石という形でのリンがなくなるだけである。イランでは、古来「鳥の館」という特殊な装置によってリンを確保してきた。これはサイロ状の建物で、上部に空いた窓があり鳥が巣をつくる。中は空洞になっていて鳥の糞が下に落ち、それを集めて肥料にするという素晴らしいシステムだ。こうした智恵を使えばリン鉱石の枯渇は解消できるのだ。枯渇性資源に頼らない、持続可能な技術とはこのようなものなのだろう。

なお、日本が頼りにしているアメリカの農業は、もう一つの枯渇資源である「化石水」に頼っている。化石水とは、通常の地下水とは違って「イン」と「アウト」がない動きのない水である。したがって、使ったらそれっきりで新たに貯まることがない。すでにアメリカではこうした地下水が枯渇しはじめており、とても持続可能とはいえない。またあとでお話するが、バイオフューエル(植物燃料)の主原料と目されるトウモロコシの大産地であるアメリカ中西部でこうした現象が起こっている。食糧と燃料双方の利用に大きな期待がかかっているトウモロコシだが、水不足という重大な問題を抱えていることを忘れてはならない。

トイレと土の話

できるかぎり狭い範囲で物質を循環させることは、持続可能社会を考えるうえでとても重要となる。我が家では、家族の出した排泄物をすべて畑に投入している。我が家というとても狭い範囲で、物質が循環していることになる。少々問題をはらんではいるが、基本的には理想的(?)と思っている。一昔前までは当たり前だったが、バキュームカーが導入され、その後水洗トイレになって肥溜めはほとんどなくなった。確か、東京の西武線はその昔「オワイ列車」[3]と呼ばれ、都中心部で発生する排泄物を郊外に運んでいたと聞いたことがある。人間の排泄物が肥料としてしっかり使われていたわけだ。また、江戸時代にはリンの循環に鳥が重要な役目を果たしていたという説もある。

いずれにせよ、リンのような気体化できない物質は何らかの物理的な力を使って上部に運ばないかぎり、水を伝って自然と下に流れていってしまうのだ。

我が家では、スウェーデン製のコンポストトイレを使っている。導入にはかなりの勇気を必要としたが、今年で八年、何とか使い続けている。一言でいえば体のいい肥溜めだが、うまく使っていれば異臭もなく快適（?）である。構造は簡単で、貯める部分に攪拌装置が付いており、堆肥と糞尿を混ぜるようになっている。堆肥はときどき入れる。我が家には一階と二階に一基ずつこのトイレがあるが、コンポスト（糞尿でできた肥料）が完全に乾燥してから出したいので、ほぼ一か月ごとにどちらかを使って一方は乾燥させている。さすがに一か月ほど乾燥させると、糞尿といえども何ら問題なく（?）処理できる形態となる。

しかし、上手くいっている間はいいが、堆肥の量が少なかったりすると微生物相が変わって異臭を発したりするなどの問題がある。でも、これが「持続可能社会」だと考え、苦労しながら使い続

（3）一九四五～一九五五年、昼間は客、夜間は人糞を貨物として運び、西武線は糞尿路線として有名であった。『田無市史』二七二ページ参照。

コンポストトイレ

けている。

なお、我が家のコンポストトイレは電動の自動型（フタにスイッチがあり、開けると自動的に攪拌装置が作動し、閉めるとまた作動して自動的に停止）である。使っていて分かったことだが、これがよくなかったと後悔している。というのも、電動の自動装置は故障しやすいのだ。もし、こうしたトイレを導入したい方は手動のヤツをおすすめする。

このコンポストトイレはサンフランシスコのエコ商品屋で仕入れたのだが、そもそも自分で糞尿を攪拌する（取っ手を回す）ことに大きな抵抗感があった。もっといえば、コンポストトイレ自体危なっかしい感じがしていた。つまり、適切な発酵さえすれば異臭もなく単なる「土」になるということが信じられなかったのだ。しかし、全自動という言葉から手を汚すことはあるまいと思ってしまったのだ。だが、実際に使ってみると、自動だろうが手動だろうが乾燥した糞尿を引き出す操作は手動であり、手を汚すことになる。当然、出たばかりのもの（大小便）とは違って扱いやすいが、それでも慣れるまではかなり抵抗があった。根性のある人にはおすすめするが、理屈だけで持続可能社会をのたまう方々にはおすすめできない。

さて、コンポストトイレまで使い、我が家の物質循環は一見すると理想的だ。実際、トイレで生まれたコンポスト（肥料）を畑に撒いたら野菜がよくできた。これは、コンポストに多量の窒素が含まれているからだ。一般的に、窒素は「葉肥え」、リンは「実肥え」、カリは「根肥え」と言われている。しかし、よくでき来たのは二年ほどで、三年目あたりからなぜか畑の力が弱くなった。よくよく考えてみると窒素過多である。人間の糞尿には窒素とリンが豊富に含まれているが、やり過ぎると土が富栄養化してしまって酸性に傾いてしまう。幸い、我が家では薪ストーブを使っているので灰が発生する。この灰を撒くことで、また土の具合はよくなった。

しかし、本当にこれでいいのだろうか。単純に考えて、物質のインとアウトのバランスはとれているのだろうか？

改めて考えると、我が家の食料自給率は結局のところ五〇パーセント弱である。ということは、外から五〇パーセント強を買っていることになる。五〇パーセント以上も外から買って、出すもの（排泄物）はすべて畑に入れていたのではバランスが崩れてもおかしくない。結局は、自給率を向上させないと本当の姿にはならない。特定の土地でできたものを食べ、その特定の土地に排泄物を返す、これが本当の物質循環だ。もちろん、土から流出する部分もあるが、流出しすぎれば河川や海を汚染する。汚染しないレベルとは、河川や海が生物の漏出した有機物を吸収し、それを人間やそのほかの生物が食べ、特定の種類の生物が異常繁殖しないような安定した生態系が維持される状態のことだろう。

口で言うのは簡単だが、実際やるのは難しい……ああしんど！

鶏小屋と「補完性の原則」

我が家では、鶏を五羽飼っている。種類は、一羽が烏骨鶏のオス、残りの四羽はメスで、白色レグホン系、茶色のチャボ系、黒っぽいのもおり、バラエティに富んでいる。台所で出たほとんどの生ゴミは鶏小屋へ持っていき、鶏たちに食べてもらっている。毎日三～四個の卵を産んでくれるから、生ゴミは知らない間に卵に変身したことになる。これも、高度な物質循環かもしれない。

私はこの生ゴミ処理を例として、「補完性の原則」の解説をいろいろな場面でしている。補完性の原則とは、上位組織が下位を補完するという地方自治の原則であり、EU自治憲章、近くでは愛知県市町村合併推進要綱、岐阜県五か年計画の「県民協働宣言」をはじめ、多くの県や市町村の総合計画などに出てくる重要な原則だ。しかし、重要な原則であるにもかかわらず理解されていないし実行もされていない。いわゆるお題目となっている。

さて、「補完性の原則」とはどういう原則かというと、まず家庭でできることは家庭で行い、できないことは地域コミュニティでやり、地域コミュニティでできないことを初めて行政が行うというものだ。そして、身近な行政である市町村でできることはすべて市町村で、市町村でできないことを県が、県でもできないことを国が行う、これが補完性の原則である。

先ほどの生ゴミを例にとれば、家庭で生ゴミ処理ができれば家庭で、できない場合は地域コミュニティでたとえば堆肥化する。それができない場合に初めて行政が登場し、処理をすることになる。こうすることによって、行政コストは最小限に抑えることができる。

いまでは鶏を飼っている家はこの近所でも我が家だけだが、みな農家なので畑がある。したがって、生ゴミは畑に入れてしまい地域コミュニティや行政の出番がない。しかし、町に行くと誰も生ゴミを家庭で処理することができないため行政がせざるを得なくなる。つまり、生ゴミの処理は田舎であれば行政サービスのメニューに入れる必要がないということだ。これは、補完性の原則が成り立っている数少ない事例である。

では、他の行政サービスはどうか。そして、なぜこれほどいろいろな公的な文書に出てくる原則が実行されないのだろうか。

日本はどのような社会か？

実は、日本という社会は「逆補完性の原則」で成り立っている。端的にいうと、県の英訳である「prefecture」という単語を是非辞書で引いてみて欲しい。国家の出先機関という意味しかない。知事は自治体の長ではなく、国家が任命した地方長官ということだ。もちろん、地方自治法によって知事は選挙で選ばれるし、選挙で選ばれたためにたいへんな権限を握っているが、もともとの意味はあくまでも地方長官である。

最近、ようやく地方の権限が増してきてはいるが、霞ヶ関の方々の感覚はどうだろうか。県は国の下の組織、市町村は県の下の組織と思ってはいまいか。これは霞ヶ関にかぎったことではなく、県に行こうが市町村に行こうが、国のいうことを聞くのが県、そして県のいうことを聞くのが市町村だと思っている人がいまだに多いのではないだろうか。そして、「お上」のいうことを聞くのが住民ということになる。あー、何てこった！

先にも述べたように、私はときどき、皮肉をこめて日本を「逆補完性の原則で成り立っている社会」と言っている。アメリカのできないことを日本が、国のできないことを県が、県ができないことを市町村が、そして市町村にもできないことをＮＰＯがやっているというのが日本の社会である、という意味である。これが「逆補完性の原則」である。補完性の原則には、より大きな組織がより小さな組織を補完するという原則のほかにもう一つ重要な原則がある。それは、より小さな組織でやれることに大きな組織が手を出してはいけないという原則だ。上位組織は、ただただ補完に徹するという原則である。

子どもが自分だけでできることに親が手を出すとか、ＮＰＯができることに行政が手を出すと

図４　補完性の原則

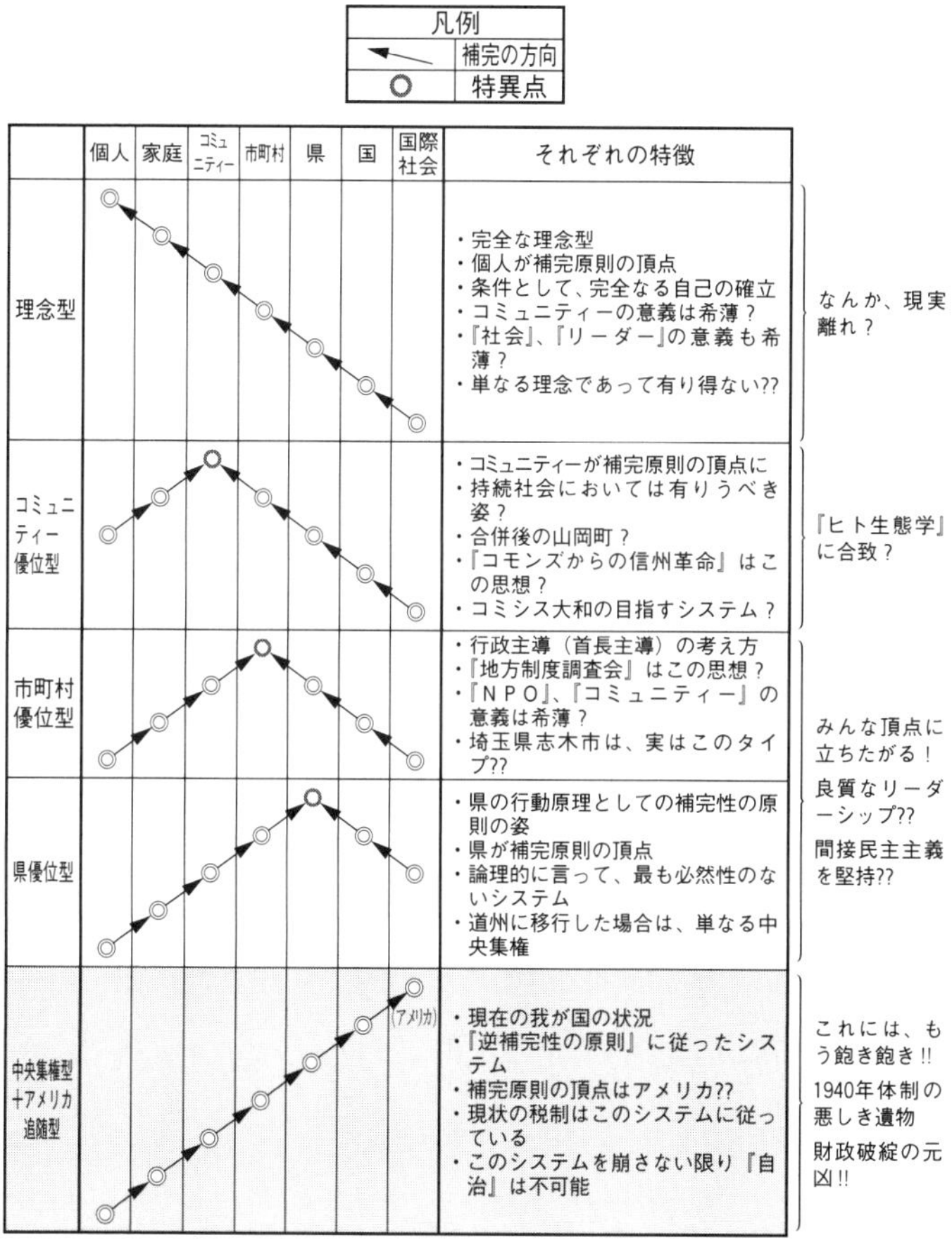
凡例
補完の方向
特異点
個人
家庭
コミュニティー
市町村
県
国
国際社会
それぞれの特徴
理念型
・完全な理念型
・個人が補完原則の頂点
・条件として、完全なる自己の確立
・コミュニティーの意義は希薄？
・『社会』、『リーダー』の意義も希薄？
・単なる理念であって有り得ない??
なんか、現実離れ？
コミュニティー優位型
・コミュニティーが補完原則の頂点に
・持続社会においては有りうべき姿？
・合併後の山岡町？
・『コモンズからの信州革命』はこの思想？
・コミシス大和の目指すシステム？
『ヒト生態学』に合致？
市町村優位型
・行政主導（首長主導）の考え方
・『地方制度調査会』はこの思想？
・『ＮＰＯ』、『コミュニティー』の意義は希薄？
・埼玉県志木市は、実はこのタイプ??
県優位型
・県の行動原理としての補完性の原則の姿
・県が補完原則の頂点
・論理的に言って、最も必然性のないシステム
・道州に移行した場合は、単なる中央集権
みんな頂点に立ちたがる！
良質なリーダーシップ??
間接民主主義を堅持??
中央集権型＋アメリカ追随型
(アメリカ)
・現在の我が国の状況
・『逆補完性の原則』に従ったシステム
・補完原則の頂点はアメリカ??
・現状の税制はこのシステムに従っている
・このシステムを崩さない限り『自治』は不可能
これには、もう飽き飽き!!
1940年体制の悪しき遺物
財政破綻の元凶!!

（筆者作成）

かという行為はすべて反則。レッドカードで一発退場だ！　しかし、悲しいかな、この原則はほとんど守られていない。NPOはしばしば行政に事業提案をするが、「その事業、すでにこちらでやっているのでNPOの方があえてやる必要ありません」と来る。いくら言葉で補完性の原則を唱えていても、行政レベルではまったく分かっていない人が多い。

最近では「美しい国」とかいう言葉があちこちで見かけられるが、そんなものは幻想でしかない。美しい地域が集まって、初めて美しい国が形成される。最初から「美しい国」を言ってはだめで、美しい国も補完性の原則に則ってつくることが肝要である。

また、我が国の「県」は国際的に見たら国レベルの規模だ。だから、県あるいは昨今議論されている道州が基盤となった国家になったほうがいい。国が何でもかんでもやるとか、行政が何でもかんでもやる時代は終わった。というよりも、終わりにしないといけない。こんなことを続けていたら国や地方の借金は増えるばかりだし、全国どこに行っても同じという金太郎飴のような国土をつくっていったいどうするつもりなのだろうか。

補完性の原則は、国や地方の財政破綻を回避するとても重要な原則なのだ。日本の政府の方々、消費税率をお上げになる前にこの原則を徹底すべきではなかろうか。

いまだ日本は「戦時体制」？

野口悠紀夫さんの本に『一九四〇年体制　さらば戦時体制』という名著がある。野口さんは『超整理法』などの本で有名になったが、そのようなノウハウ本を彼の主著と思っては失礼である。野口さんの主張は次のようなものだ。

敗戦を迎えた一九四五年がカタストロフィックな年であった、とみんな思っている。そして、一九四五年で日本という社会は大きく変わったと思っている。確かにそういう面はあるが、一九四五年を経てさらに強化されたシステムが戦後の日本に大きな影響を与えた。そして、そのシステムの多くは一九四〇年前後にできたというのだ。たとえば、銀行の護送船団方式、自治会の元祖である大政翼賛会、労働組合の元祖である産業報国会、企業資金の調達法が直接調達から間接調達へ移行したこととそれに伴う大企業優先施策、霞ヶ関の官僚組織と官僚優先の国家戦略など数え上げたらきりがないが、こうした社会システムは一九四〇年前後、日本が戦時体制強化の一環として構築したシステムである。それまでの日本は当たり前の資本主義国家だったようで、もし戦争がなければホリエモンは当たり前の人だったかもしれない。

野口さん自身旧大蔵官僚だったが、入局当時の上司は当然戦前から官僚だった人だし、戦前の霞ヶ関のガンだった内務省は解体したが、一部局だった建設局はその後建設省になったりしてとにかく自己保存を行った。公職追放にいたっては、旧大蔵ではわずか数人で、戦後も戦前とそっくりそのままの省が維持された。そして、戦後の霞ヶ関で作動したシステムとは、一九四〇年前後にできあがった「戦時体制」だった。

もちろん、このシステムが有効に作用したため、「奇跡」と呼ばれた高度経済成長ができたわけだ。だから、すべてを非難することはない。ただ、戦後、戦争の方法を軍による戦争から経済戦争に変えただけで、戦時体制自体は崩さなかったところに勝因があったということだ。しかし、これだけ経済成長して、なおも強力な中央集権国家を維持することに何のメリットもない。

ちょっと話が硬くなりすぎたので話題を現場に戻そう。私の現場は、何たっていま住んでる恵那だ。現場感覚のない話は霞ヶ関にお任せするべきで、我々地域の人間は、決して霞ヶ関を変えようだなんて大それたことを考えてはならない。この地域をいかにして持続可能にするか、簡単にいえば、子や孫が安心して、しかも生き甲斐をもって生活する場にするにはどうしたいいか、これが最大の主題となる。

実は、第二七次地方制度調査会の答申に大きな影響を与えた小さな集落があった。広島県高宮町にある一地区だ。ここには川根振興協議会会長の辻駒健二さんという画期的なリーダーがいて、もう何十年も前から献身的な活動で地域を守ろうとしていた。田舎には不釣合いな郵便局を誘致して雇用の確保をしたり（そのため、住民を説得してお金をすべて郵便局に預けさせた）、撤退したJAのスーパーを借りてボランティアベースでスーパーを再開したりとさまざまな活動をやってきた。「お好み住宅」もその一つで、若い子持ちの転入者の希望通りに間取りをつくるシステムだ。賃料は月五万円で、二〇年住んだら無償でもらえるそうだ。もちろん、自治の組織もしっかりつくった。

しかし、この辻駒さん、霞ヶ関変えようなんてこれっぽっちも思っていない。そういう人が結果的には霞ヶ関を変えるのだ。地方制度調査会の偉い先生たちが何度もこの地区に見学に来た。そして、「住民だけでもここまでやれるのか！」と感銘を受け、最終答申に反映させたわけである。

最近、私がいつも使う言葉に次のようなものがある。

「改革は、遠いところ、小さいところ、弱いところから」

ちなみに、この言葉をつくったのは、新潟の清水義晴（えにし屋主宰）さんという方である。

縄文後期の矢じりが出た！

二〇〇六年の私の誕生日、恵那に大雨が降った。特段災害が発生するような雨ではなかったが、かなり強い雨であった。雨が上がって、隣の俊ちゃんが珍しいものを持ってきてくれた。縄文後期の矢じりである。強い雨が土を削り、埋まっていた矢じりを地表に出したのだ。この付近は矢じりがよく出ると付近の人に聞いてはいたが、実際に見たのはこれが初めてである。よくある黒曜石のかけらのようなものではなく、灰色の石でできた、大きさ一・五センチメートルほどの小さなものだ。形はハート型風の三角形で、周囲は明らかに人間の仕業と思われる刻みが入っている。たぶん、一度刺さったら抜けないようにするためだろう。野ウサギのような小動物用だろうと思う。

縄文後期というといまから二〇〇〇年ほど前か。ということは、この地域には二〇〇〇年以上前から人が住んでいることになる。確かに、横には川が流れているため水はある。しかし、広い農地があるわけではない。その後、専門家に会っていろいろな話を聞いた結果、人間はもともと山や山際に住んでいたらしい。農耕をはじめる前までは、平地よりも山に多くの食糧があったからだ。そこに水田が伝わってきた。山に住んでいた人たちが水田を少しずつはじめていったので、水田の起源は「棚田」だというのだ。

私の感覚では、人口増加に伴って田にする土地が少しずつ少なくなって山際まで開墾する必要が出て棚田ができたと思っていた。でも、そうではないらしい。河川の中流部、河口付近は、そもそも洪水が毎年起こるために住居には向かなかったらしい。上流部に水田が拡がり、水田の治水効果が発生することによって少しずつ下流に住めるようになったのだろうか。

いずれにせよ、二〇〇〇年前から人が住んでいたのだから大きな歴史的災害もなかったのだろう。屏風山活断層という結構やばいヤツがすぐ近くを通っているらしいが、そんなことどうでもいい。なんたって、二〇〇〇年以上人が住んでるんだから。

明治初期に来たドイツの農学者の話

ところで、いまお話した棚田の話だが、恵那にも有名な棚田があり、数年前には「全国棚田サミット」が開催された。「坂折」という地区の棚田が有名で、その一部が保存されている。残念ながら、一部を除いて圃場整備してしまったために以前のような風景はなくなってしまった。いま、全国で棚田の保存運動が盛んだが、地元の、とくにそこで毎年コメをつくらなければならない人にとってはたいへんなことだ。この地区も、たいへんな急斜面のゆえに毎年事故が絶えなかった。急傾斜での機械の移動は危険が伴う。わずかな不注意でトラクターが畦を踏み外して下の田圃に落ちてしまうなど、棚田での農作業には危険が伴うのである。では、手作業でやるかというと、まあやってみれば分かるが気の遠くなるような作業となる。棚田の保存活動の多くは単なる都会人の嗜好、と地元民は感じているかも知れない。ただ、この生産性の著しく低い田圃を放棄するわけにはいかない。

その昔、明治初期に政府がドイツから有名な農学者を召喚して日本の農業の近代化を図った。しかし、この学者、日本の農業を視察して次のような結論を出した。

「日本の河川の多くはヨーロッパに比べ急流で、降水量も多い。すべて滝と言ってもいい。それにもかかわらず氾濫しないのは田圃があるからだ。このままの状態を継続するのが理想的である」(4)(井上ひさし『コメの話』新潮文庫、一九九二年より)

なるほど、そうかも知れない。ヨーロッパの平原をとうとうと流れる河川に比べて、日本の河川は源流から河口までが短く、水量が多くてしかも急流である。したがって、田圃《たんぼ》の治水効果は絶大である。そういえば、数年前に名古屋北部で起こった大規模な洪水の原因は田圃をつぶして宅地化したことだった。田圃をつぶすとその分保水力が低下して水の行き場がなくなって溢れてしまう。だから、田圃は守らなくちゃいけない。

棚田にかぎらず、全国の中山間地の農業はこれ以上は合理化が無理である。農水省はバカの一つ覚えのように十年一日のごとく中核農家育成政策を唱え、市場で闘える農業を推奨している。東海地域であれば安城や伊勢湾周辺など、広大な農地が拡がっている所なら合理化は可能かも知れない。しかし、それ以外の、いわゆる中山間地では一枚の農地の大きさには物理的な限界があり、これ以上の合理化は不可能だ。アメリカ、オーストラリアのようにヘリコプターで種を蒔き、農薬を撒けるような田圃は中山間地にはない。

私は、国民には「自給権」あるのではないかと考えている。現在の法律では、五反（五〇アール）以上でないと農業をはじめられない。これは、お上が農業をビジネスとしてしか考えていないからだろう。しかし、多くの農作業ファンは農業で食べていこうとしているのではなく、自分で食べる分を楽しみながらつくりたいと考えているのだ。今年から一気に発生する団塊の世代の人たちのなかにも、そういう人たちがたくさんいるはずである。

いま、中山間地にかぎらず日本の農地は耕作放棄地で溢れている。これは、農業では食べていけないことの最大の結果である。とくに中山間地では、もともと専業農家はほとんどおらず、先

（4）当時、世界有数のドイツ人農学者マックス・フェスカ（一八四六～一九一七）が著した『日本地産論』（地質調査所、一八九四年）にこの内容が書かれてある。ちなみに、「このままでいい」というフェスカの意見を明治政府は採用しなかった。

祖の土地を守るために半ば仕方なく田圃を続けてきた人が多い。サラリーマンになり、稼いだ金で農機具を買い、土日だけの百姓となる。そして、その子どもたちは、親の苦労を知っているので農家を継ぐことはせずに純粋なサラリーマンとなる。稼いだ金を農機具に費やすことなどは毛頭考えず、できれば都会で暮らすことを望んでいる。

とにかく、何とかしなくては日本の農地は、そして日本の食はえらいことになる。

もう一度、オフィスの窓から

こんなことを考えながら、オフィスの窓からもう一度光男さんの山を眺める。新緑の木々が風にそよぎ、手前の田圃は田植えの準備ができ、水をたたえている。田植え前の田圃は、緑の背景を映してとてもきれいだ。

この小さな山の向こう側、もう少しだけ上に登ったところに風神様が祀ってある。地域の老人たちが毎年八月にお祭りをする、小さな風神様だ。なぜ、この風神様を祀っているのかを話して、農業にまつわるこの章を終わりたいと思う。

わずか数十年前まで、この地域の生産財のすべては自然資源だった。食やエネルギーは、すべて地域の自然資源で成り立っていた。人々の暮らしの大部分は、食とエネルギーの確保に充てられていた。したがって、地域の自然資源を知り尽くしておかないと生きていくことができない時代だった。山のどの個所にはどういう木の実があるとか、どこに罠を仕掛けておくと野ウサギが獲れるとか、田圃の水はどこから来ているとか、山のどこに薪になる木が生えているとか、ありとあらゆる生活必需品は地域の自然資源で成り立っていたのだ。

もちろん、他の地域との物の交換もあっただろう。しかし、生活の根幹は地域の自然資源に頼っていたに違いない。いま、こうした情報を保持しているのは概ね六〇歳以上の人たちだ。彼らは、昨日のことのように一昔前の生活の話を私にしてくれる。それらは、自分の実体験なのでとても生々しい。わずか五〇年前まで、日本の多くの地域は、自然資源を生活のベース、生産財のベースとしていたのだ。

そのような時代、といってもわずか五〇年前まで、人々は地域の自然資源を徹底して科学的に観察していただろう。観察された情報は多く口伝によって子孫に伝えられたが、こうした情報こそが地域での生活を支える基盤だった。繰り返すが、地域の自然資源を徹底して科学的に観察することなしには生活が成り立たなかったのだ。生活に密着した科学的観察は、いわゆる科学者の行う科学とはわけが違う。学者は論文さえ書けば生きていけるが、自然を基盤とする生活者としての科学は極論すれば生き死に関わる行為である。科学者には悪いが、真剣みが違うのだ。

そうした科学的行為の先に信仰が生まれると私は考えている。裏山の風神様、通称「風三郎」

に人々は何を祈ってきたのだろうか。

稲は自家受粉を行う。したがって、出穂期に風が吹くと受粉率が低くなってコメのできが悪くなる。どのように自然を観察して情報を収集しても、自然にはコントロールできない部分が必ずある。田圃に水をどれだけ入れるか、どれだけ肥料を撒くか、いつ田植えをするかなど、コントロールできる部分はすでにコントロールしてきた。しかし、天候など、どうしてもコントロールできない要素が自然にはある。そうしたコントロール不能な要素、たとえば風に対して「お願いだから吹かないでくれ！」と祈る行為を誰が非科学的といえるだろう。人智の限界を悟ったのちに出てくる祈りは、科学の限界を悟ったあとの祈りである。これは、人間の限界に対する謙虚さの現れであり、ある面、とても科学的だとさえ私は思っている。

風三郎

ここ一〇〇年、人間は科学を盲目的に信仰しすぎた。あらゆる問題は、科学技術で解決するという無謀な考えをもつまでになった。いまや、半分以上の人口が人工物で溢れる都市に住み、思考形態までもが自然から逸脱してしまった。

第3章 トイレの窓から——コミュニティとは何か

トイレの窓から

隣組の紹介

さて、第2章では地域の自然資源、そして農業に関して少々突っ込んで述べた。この章では、周辺の人々に関わるお話をしようと思う。

家の北側には、先ほど話したコンポストトイレがある。一階、二階ともトイレは同じ場所で、同じ煙突を使って水分を蒸発させている。なぜ、北側にトイレがあるのか。ドームハウスといえども、間取りに関しては一応「風水」に従っているのです！

我が家は隣組の南の端に位置するため、トイレの窓からはまず隣の俊ちゃんの家、そしてその北側に農道を隔てて数軒の家が見える。このあたりは富山の砺波平野のように人家が散在する地域で、隣といっても結構離れている。一番近い俊ちゃんの家の母屋まではここから四〇メートルほどあり、光男さんの家まではおそらく一〇〇メートルは離れているだろう。

これだけ離れていると、ピアノをいかに鳴らそうが問題にはならない。私の実家は横浜の妙蓮寺という所にあるが、二階の窓を開けるとお隣の二階の窓と手をつなげるような距離だ。どの家も、狭い敷地に建蔽率、容積率ともにいっぱいに造っているのでこういうことになる。いっそうのこと集合住宅にして、もう少し広い庭を造ったらよさそうなものだが、誰もそうはしない。そういう都会の住宅に比べればここは天国である。

私は、ここに引っ越して早々に隣組に入れさせられた。隣組には名前があり「小川班」という。伊勢湾を河口とする一級河川である土岐川（中流）・庄内（下流）川の最上流で、ここから上流を「小川」という。ちなみに、すぐ下流は「野井川」と言っている。引っ越したときの世帯数は一〇軒。その後、奇跡的にも転入者が二組あり、いまは一二世帯となった。

隣組で最後に生まれたのがうちの子ども——現在、中一

引っ越したころは、隣組にもまだ子どもが何人かいた。すでに社会人となったうちの長女には同級生がいたし、現在大学受験生の次女、高一の長男も隣組に同級生がいる。しかし、中一になる三女には同級生はいない。つまり、うちの三女が生まれてから隣組には赤ちゃんが生まれていない。もちろん、隣組の子どもたちも結婚して子どもをつくっているが、彼らの大多数は結婚を期に転出してしまったのだ。もし、隣組の子どもたちが全員外に出ていったとすると、一〇年後の小川班の人口構成は六五歳以上が大半を占めることになる。なお、六五歳以上を「高齢者」と呼ぶが、高齢者比率が五〇パーセントを超えた集落には「限界集落」という危機感を煽り立てるような名称がついている。

数年前、ＪＩＣＡがインドネシアの官僚とＮＧＯを岐阜に連れてきて研修をしたことがある。その際に講師としてお話させていただいたときにいまの話をした。人口が急増している国にとって、日本の郡部の現状は想像を絶していたようだ。

「是非、インドネシアの若者を日本に移住させて欲しい。その代わりと言っては何だけど、日本の高齢者をプレゼントします。いまだったら、年金満額もらえる豊かな高齢者なので、インドネシアに潤沢な外貨をもたらすことは請け合いです！」と半分冗談を言ったところ、「結婚してても移住できるか？　子どもがいてはダメか？」などという真剣なる質問が返ってきて、困ってしまった記憶がある。

とにかく、ここ数年子どもがめっきり減ってしまった。昨年、恵那市三郷町（人口二七〇〇人）で生まれた子どもはわずか一一人。今年の三郷小学校の新入生は二〇人弱。五年後の新入生は、このままでいくと間違いなく一一人ということになる。

人口減少はいまにはじまったことではない

二〇〇六年、予想よりも少し早く日本は人口減少社会に突入した。このことは、ニュースでも大きく報道された。しかし、郡部においては人口減少はいまにはじまったことではない。日本の高度成長がはじまったときから、したがって、何十年も前からあった日常的な出来事なのだ。いわゆる過疎の問題がそれで、みんなが都会をめざして田舎を出ていった。

「息子を何とか大学までやり、田舎から出してやるのがいいと思って一生懸命頑張った。しかし、その結果、田舎から人がいなくなってわしら老人だけが残ってしまった」と、郡部に残された多くの老人たちはいまになって嘆いている。そのときは、子どものためによかれと思って精いっぱいのことをしたのだが……。

田中角栄がはじめた「日本列島改造論」のおかげで、一時的にせよ、全国津々浦々土建で食っていけるようになった。しかし、それもわずか二〇年ほどで終焉を迎えようとしている。地方によってばらつきはあるものの、一時期と比べてどこの自治体でも投資的経費（公共事業費）は約三分の一ほどまでに落ち込んでいる。また、地域の経済を支えていた誘致企業も、バブル崩壊後、どんどん世界の工場である中国に行ってしまった。東海地方ではここのところトヨタの好調が理由で若干もち直しているかに見えるが、それも一部だけで基本的には経済は冷え切っている。

人口減少と少子化は地域にとっての大問題

三〇年から四〇年前までは、この地域も子どもで溢れていた。その後、どんどん子どもの数が減り、それまで小学校だったところが保育園になり、小学校が統合されていまの三郷小学校になり、三郷中学校が併合されて恵那西中学校ができた。中学は新しい場所にできたが、地区によってはかなり遠方となったためスクールバスでの通学となった。地区によっては、中学の併合に最後まで反対して子どもを通学させなかったところもあったらしい。

この地域の少子化問題は、実はとうの昔からはじまっていたのだ。子どもの減少は、地域に活気がなくなると同時に教育という公共サービスにも大きく影響を与える。愛知県豊根村（人口わずか一五〇〇人）などは、何十年も前から中学校から全寮制となり、高校は地域にはなく、高校から下宿を余儀なくされるために月額最低一〇万円ほどの費用がかかってしまう。こうなると、たまりかねた住民は出ていかざるを得ないのだ。

この地域でも、三郷小学校は数年後には間違いなく複式学級になるだろう。こうした現象はこの地域特有のものではなく、全国の郡部が数十年前から抱えている問題である。恵那市内でいえば、旧恵那市内はまだいいとしても、合併した明智町、上矢作町、串原村は今後急速な人口減少と少子化、高齢化を迎える。また、子どもの学校問題が理由で仕方なく住み慣れた村を離れざるを得ない住民が出るかもしれない。

数年前、秋田県庁に呼ばれてＮＰＯ関連の講演をしたことがある。講演に先立って、秋田県の財政状況などの最低限のことは調べた。人口の割には大きな予算で、果たしてやっていけるのかが心配になったので県庁の人に聞いてみた。

「秋田県の状況はどうですか？」

「見ての通り、ほとんど産業がないんです。秋田に住もうと思ったら、役人になるか先生になるかしかないんです！　このままだと、もうすぐ人口が仙台市に抜かれてしまうんです。結局、岩手県になるか青森県になるかしかないんです……」と、秋田弁でとつとつとしゃべってくれた。なんとも情けない話だ。しかし、こうも言っていた。

「秋田県の人は、おコメ（有名なアキタコマチ）つくっていれば何とかなると思っているんです。お蔵の中には宝が仕舞ってあるのに、岩手県の人みたいに出して人に見せてお金を取るなんてことはしないんです。危機感がないっていうか、余裕があるっていうか……」

なんとものんびりしたお話だが、早々に解決しないと日本の郡部は急速な高齢化で本当にダメになってしまうかも知れない。

とはいうものの、いまのところ地域の三郷小学校は素晴らしい学校だ。児童数が少ないということは余裕のある教育が可能ということで、喜ばしいことである。複式学級にならない程度で児童数が推移すれば理想的だが、その分行政効率は悪くなることになる。また、都会で盛んな環境教育などは表立ってする必要がないほど地域に自然が溢れている。五、六年になると、総合学習でもち米を栽培し、秋には収穫祭で餅つきを行う。これは、食育と環境教育をプラスした最高のカリキュラムと私は思っている。

夏になると毎日プールが解放され、親が当番で見張っている。プールには、何と子どもたちと一緒にミズカマキリが泳いでいる。校庭の堆肥場には無数のカブトムシが繁殖し、うちの息子などは八〇匹もの幼虫を家に持ってきて飼育していた。使っていなかった水槽に幼虫を入れ、定期的に堆肥をぶち込んでおいたら、翌夏にはほぼ一〇〇パーセント成虫になった。まさに、商売ができるくらいだ！

地域と学校のつながりも強く、自治会は安全パトロール隊を結成してくれるし、何だかんだと世話を見てくれる。そもそも、ほとんどの子どもは親や祖父母の世代までがみんな知り合いなので、ＰＴＡでも初対面ということがない。我が家を含めて外部からの転入者がいないわけではないが、仲間はずれにするということはない。こんな環境の小学校は都会にはないだろう。私は、密かに日本で一番の小学校と思っている。

人口シミュレーションの重要性

このように、いまのところとてもいい環境なのだが、こうした人的環境は、あと数年しかもたない。よほどたくさんの家族が転入すれば話は変わるが、いまのままだと人口減少は急速に進ん

図5　小川班の10年後

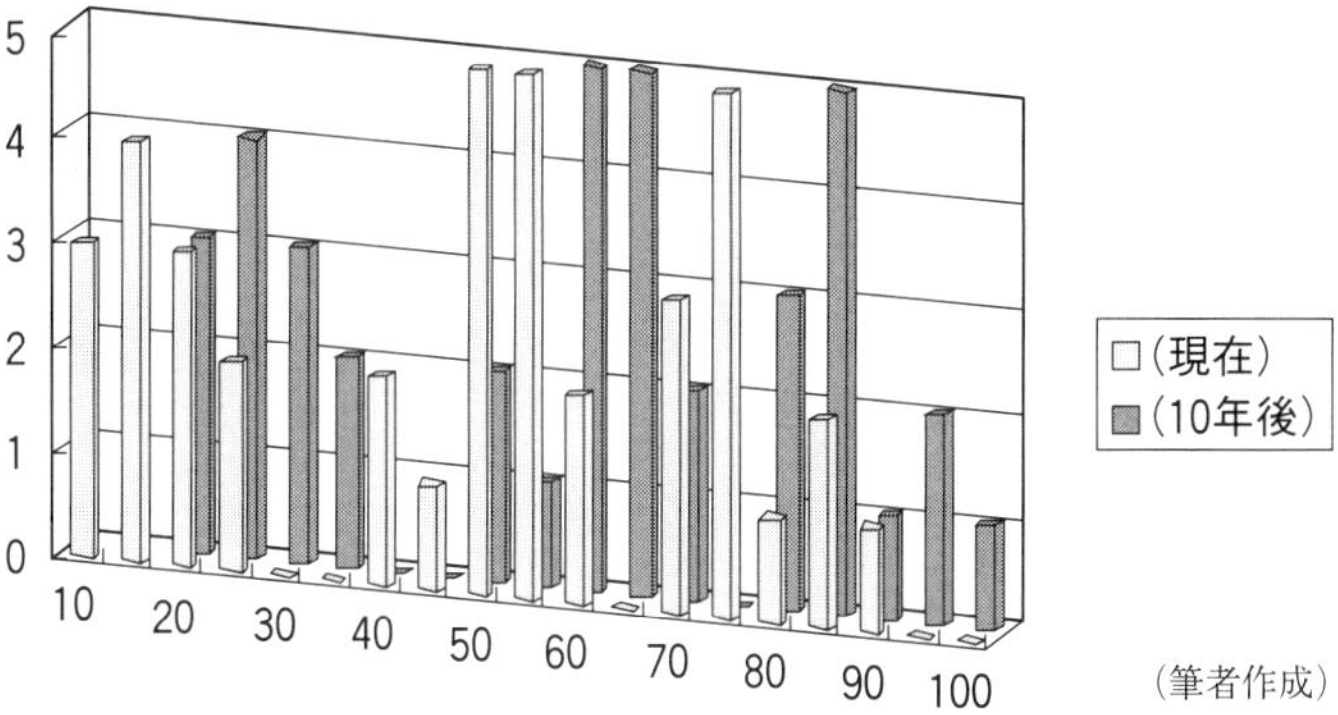

（筆者作成）

でしまう。この現象を分析するためには、まず隣組である我が「小川班」から考えることにする。

図5は、小川班の現在と一〇年後の人口動態を示している。こうした図は、コミュニティ構成員の年齢を一人ひとり思い出して、エクセルをちょっとだけ工夫して使えばすぐにできる。つまり、現在の年齢に「10」を足したデータをつくれば、一〇年後の人口構成ができあがるわけだ。ただし、誰も死なないことを前提としている。

図6は、**図5**のデータを、学齢期以下、就業年齢層、高齢者（六五～七五歳）、後期高齢者（七五歳以上）の四つのカテゴリーに分けて示したものだ。そして、ここに二つシナリオを用意する。一つは、無為無策のままいまの状態を続け、若者は地域を去って戻ってこないというシナリオである。もう一つは、いまの若者が地域で暮らしていくシナリオだ。

可能性としては第一のシナリオが高いが、もしこのシナ

図６　小川班の10年後　二つのシナリオ

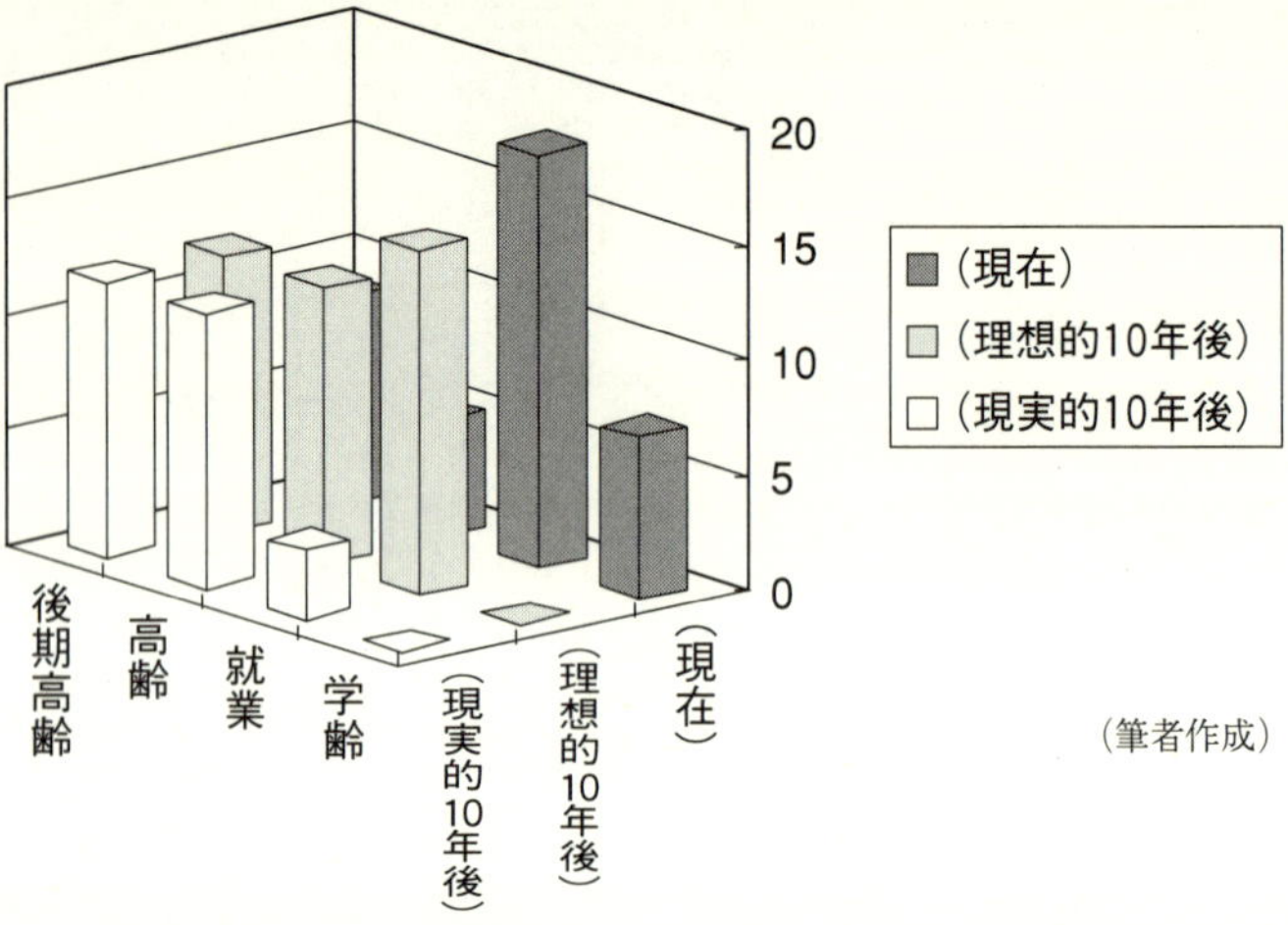

（筆者作成）

リオ通りに進むと一〇年後には本当に老人だけのコミュニティになってしまう。いわゆる「限界集落」っていうヤツだ。このときに、地域の高齢者福祉が行き届いていればいいのだが……。現実には、一〇年ほど前に造られた地域の高齢者施設は、開所当時は空いていたもののここ数年は順番待ちという状態となっている。一体、どうしたらいいのだろう。

いずれにせよ、こうした現状をコミュニティ単位で共有することが重要なのである。

さて、小川班のシナリオの次は西組、そして次は野井区、さらに三郷町のシナリオが必要となる。たとえば、高齢者福祉サービスの望ましい地域単位は小学校区なので、高齢者福祉を考えるうえでは三郷町のデータまでＯＫである。ここまでやれば、高齢者福祉、保育園、小学校経営を一〇年

図7　旧恵那市の人口動態（2050年まで）

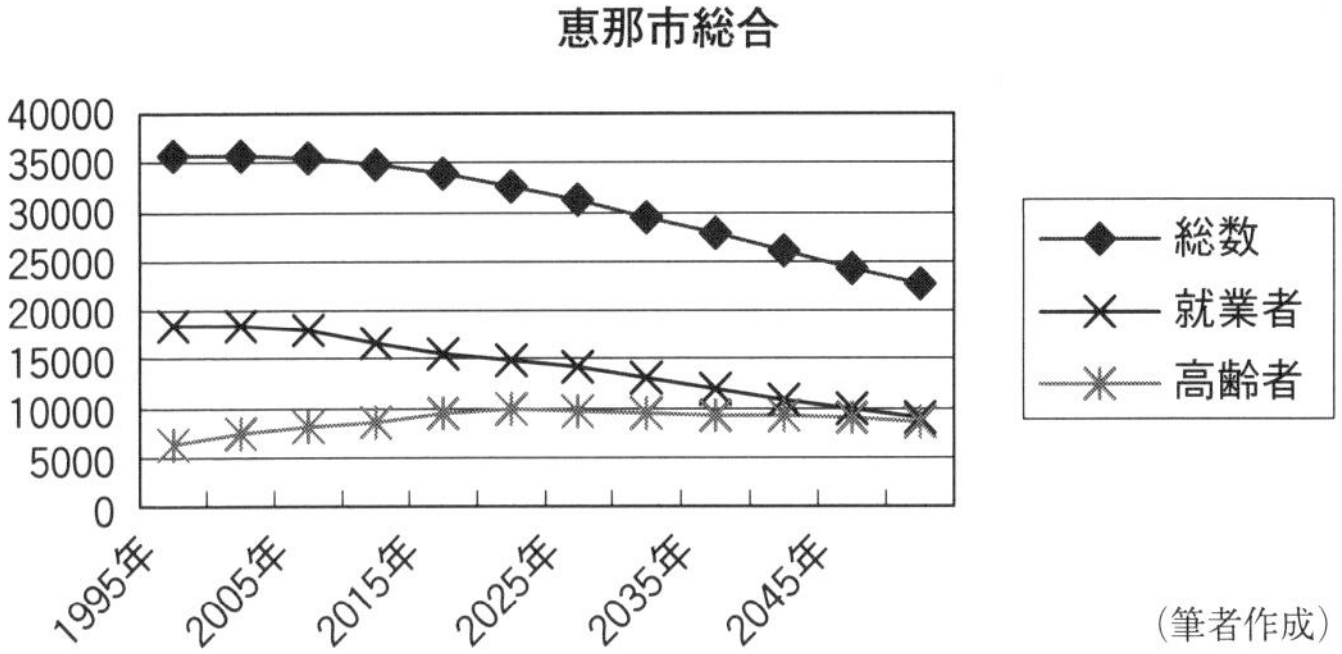

（筆者作成）

後までシミュレートできる。これが、地域の福祉をデザインするうえでもっとも基礎的なデータとなる。

さて、それでは自治体単位の行政サービスはどう考えるのか。例として、旧恵那市の人口をシミュレーションしてみよう。このシミュレーションは、総務省の人口問題研究所の「小地域将来人口推計システム」（国立社会保障・人口問題研究所。http://www.ipss.go.jp）を使うとできる。シミュレーションの基礎データは一九九五年と二〇〇〇年の国勢調査データを用いているが、すでに二〇〇五年の国勢調査データも使えるので、これからやる人は少しだけ新しいデータでシミュレートすることができる。この本でご覧にいれるシミュレーションは、数年前に私が行ったものなので少し古いがご容赦いただきたい。

図7をご覧いただくと、二〇五〇年近くになると、就業者と高齢者の人口がほぼ同数になることが分かる。つまり、一人の就業者が一人の高齢者を支えるという世界だ。これは、

図8　旧恵那市の人口動態（高齢者のみ）

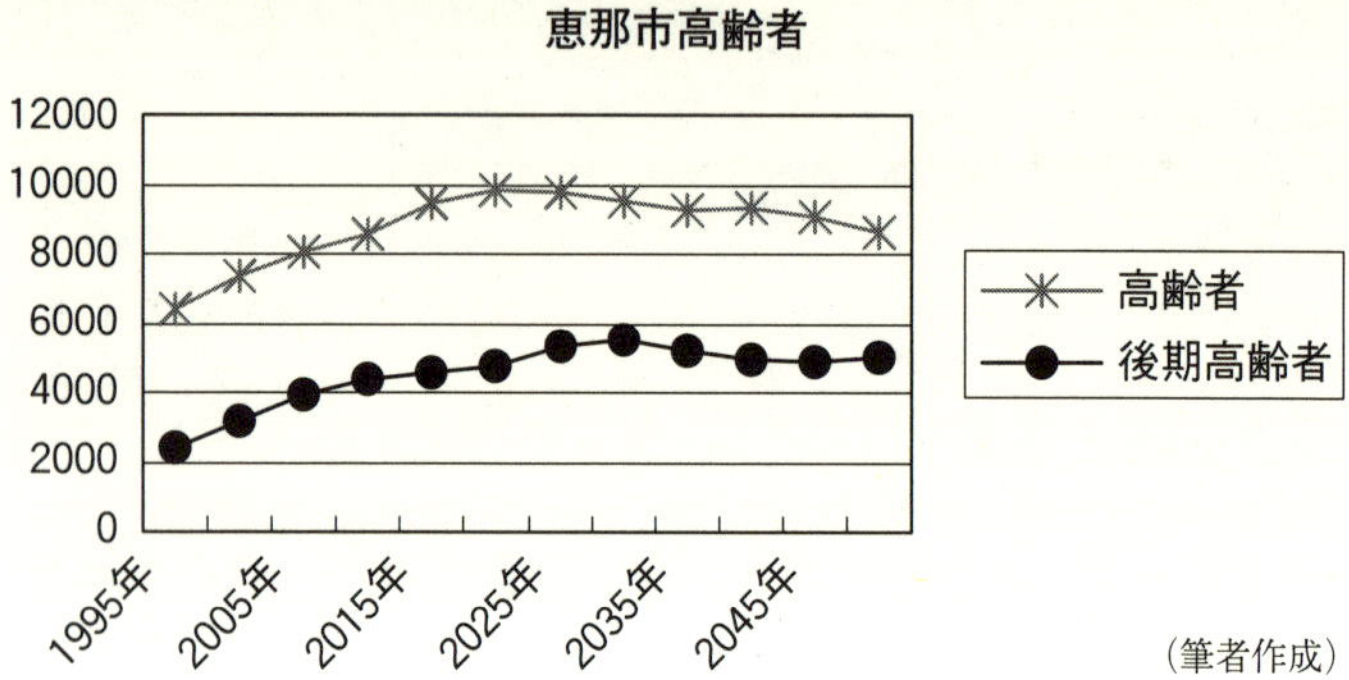

（筆者作成）

ほとんど不可能に近い。もう少し詳しくいうと、一人の就業者が、自分の生活と高齢者一人分の年金、介護保険を負担するという世界だ。いわゆる「国民負担率」は相当なパーセンテイジにならざるを得ない。私は、そのときは草葉の陰からこの状況を眺めることになろうが、私の子どもはたいへんだ。どうしたらいいかはとりあえず置いておくとして、まずはこの現状をみんなで共有しなければならない。

図8は、旧恵那市の高齢者のみの二〇五〇年までのシミュレーションだ。人数的には、二〇二五年あたりをピークにその後徐々に減少していくのが分かる。また、後期高齢者の人数に特定の数字を掛ければ介護保険サービスを受ける高齢者の人数が推定でき、当然だがその費用も推定できる。こうしたことを地域単位で地道にやっていかないと、地域の現実的な将来像を描くことはできない。

続いて検討すべきは子どもの数である。少子化現象は悲しいばかりに進行していく。怖くてできないが、二一〇〇

図９　旧恵那市の人口動態（子どもの数）

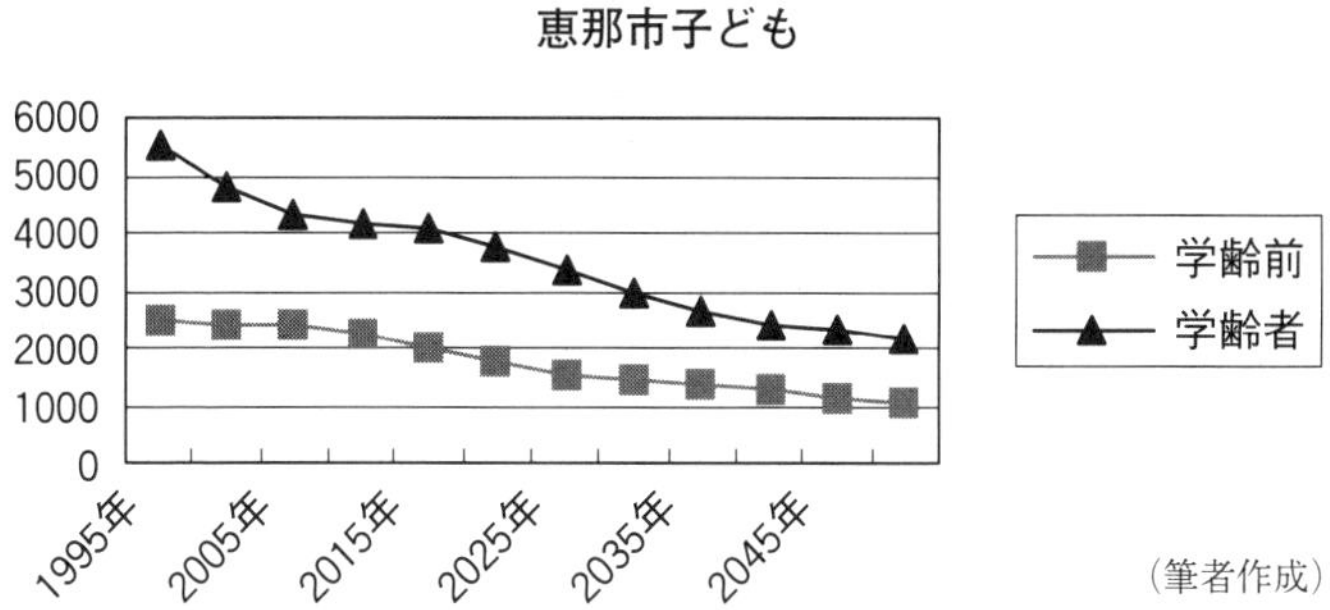

（筆者作成）

年までシミュレートすれば、おそらく子どもはほぼ「〇《ゼロ》」になるだろう。二〇五〇年まででも、一九九五年の五五〇〇人から二〇〇〇人にまで減ってしまう。子どもの声がしない地域は想像するだけで悲しい。

子どもの数が減ってくると、ここ数十年進んでいた学校の統廃合が加速的に進む可能性がある。学校の統廃合は子どもたちの通学距離の延長を意味し、それに耐え切れずに子持ち家族が引っ越す場合が多くなり、地域の崩壊をも加速させる大きな要因となる。とにかく、何とかしないといけない。

さて、これまで見てきた図表は旧恵那市の人口動態だが、これからお見せするのは恵那市と合併した旧明智町の人口動態だ。旧恵那市も結構シビアなものだったが、明智町となるとさらに厳しい。この明智町だけでなく、恵那市と合併した旧上矢作町、旧串原村も同様の傾向にあり、とても厳しい状況となっている。

まずは**図10**で、総合的な人口の予測を見て欲しい。一九九五年に七〇〇〇人以上だった人口が、二〇五〇年には二〇〇〇人

図10　旧明智町の人口動態（総合　2050年まで）

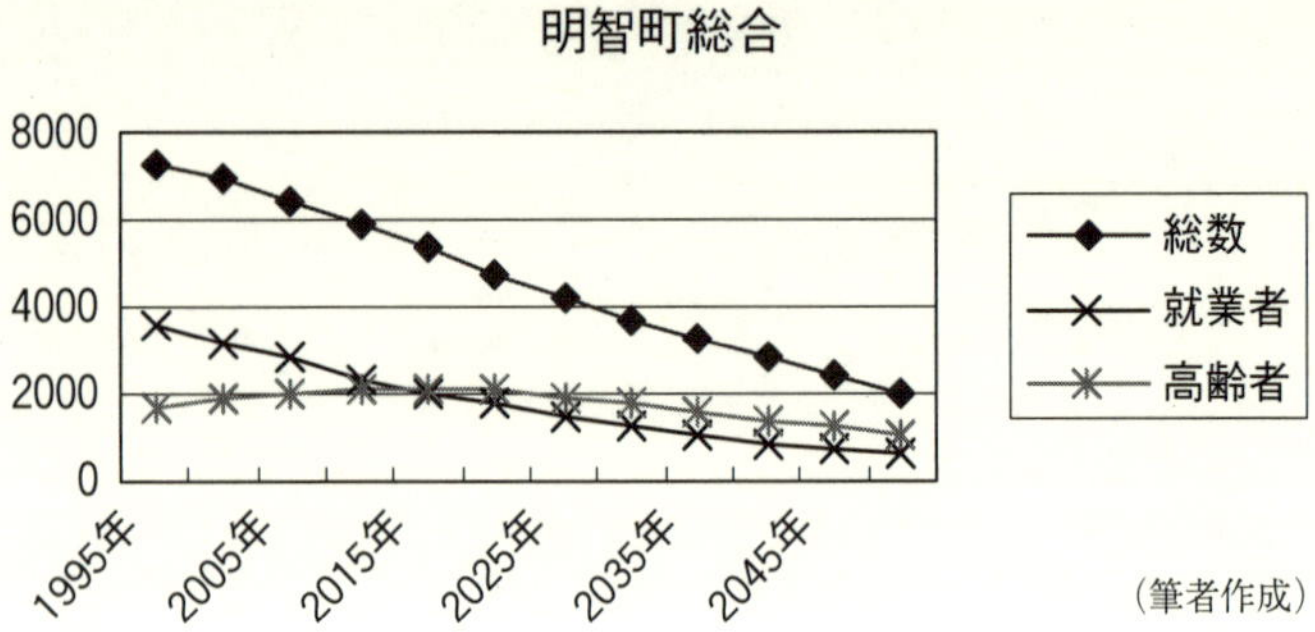

（筆者作成）

まで落ち込んでしまう。そして、二〇二五年あたりからは就業者人口を高齢者人口が上回ることが予想されるのだ。あと二〇年も経たないうちに、こうした状況が発生することになる。これを見るかぎり旧恵那市はまだいいほうで、郡部に行けば行くほどこうした傾向が強くなる。「もう、一体どうしたらいいんだ！」という状況である。

いずれにせよ、まずは現状を認識することからはじめなければならない。しかし、それが一番難しいともいえる。

数年前、私の知り合いの労働経済学が専門の某大学教授が岐阜市に対して人口予測を行い、二〇五〇年には人口が半減するというデータを提示した。この結果自体がきわめてアカデミックなもので誰も否定できない。つまり、事実として認めざるを得ないデータなのだ。しかし、それにもかかわらず議会関係者が、「そんなデータ見せたら市民がやる気をなくす。公表してはならぬ！」と言ったらしい。こういう馬鹿げた認識が地域を滝つぼに落とすことになるのだ。住民に目隠

図11　旧明智町の人口動態（高齢者の数）

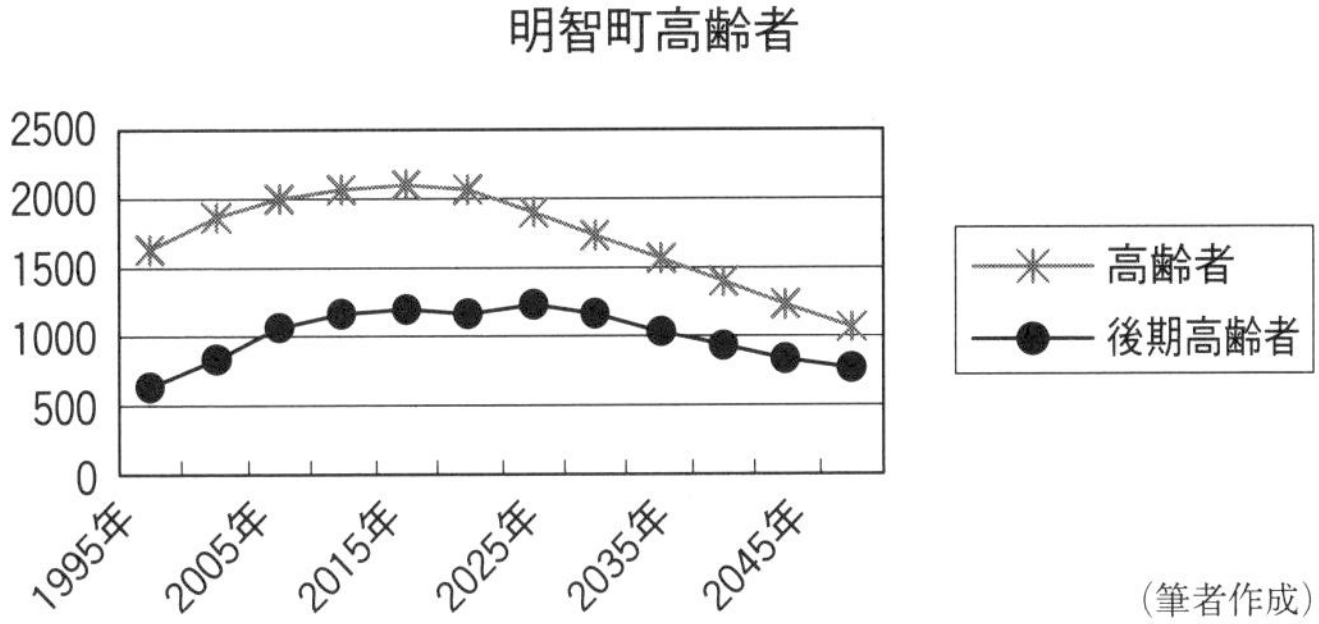

（筆者作成）

しをさせて……。

図11は、旧明智町の高齢者数を予測したものだ。いま、旧明智町では高齢者がどんどん増えている。この傾向は二〇二〇年あたりまで続く。人口そのものは急速に減少するが、高齢者はどんどん増えるというたいへんな事態となる。

なぜ、私が旧明智町のデータをお見せしているかというと、それは旧明智町の深刻な状況を皆さんに知って欲しいということもあるが、現在の恵那市のなかでも地域によって状況が大きく異なることを知って欲しいのだ。行政が施策をつくる際、行政の行動原理は「公平性」と「平等性」の二つだけである。この二つの行動原理では、地域の違いを上手く施策に取り込めない。これだけ地域によって状況が違うのだから地域ごとに施策を講じるのが妥当なのだが、それがダイレクトにできないところに行政の限界がある。これを皆さんに知って欲しいのだ。

さて、次なる「不都合な真実」は旧明智町の子どもの数の

図12　旧明智町の人口動態（子どもの数）

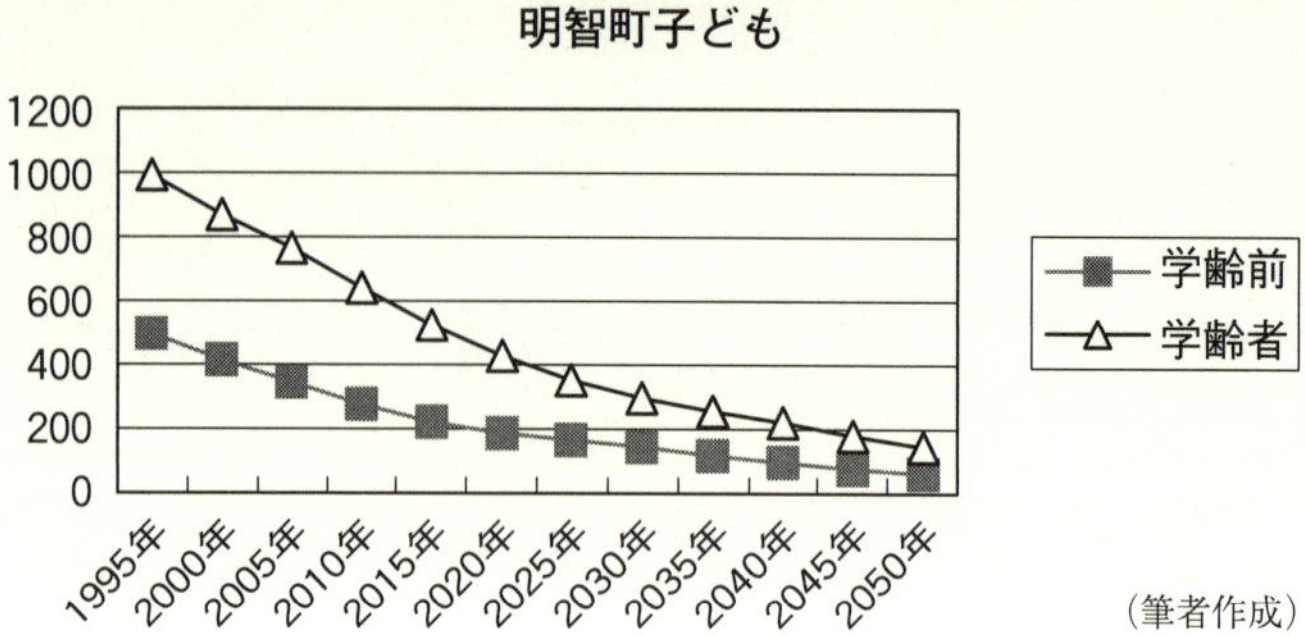

（筆者作成）

予測だ。

もう何を見ても怖くないかも知れないが、**図12**はあまりにも悲しい……悲しすぎる。一九九五年に一〇〇〇人もいた学齢期の子どもたちが、二〇五〇年にはわずか一〇〇人ほどになってしまう。五〇年で、子どもが一割になってしまうのだ。

これほど地域の現状は厳しい。しかし、この現状を受け入れたあと、そうならないように何とかしなければならない。無為無策では、必ずいままで見てきたシミュレーション通りに世の中は進むことになる。人口シミュレーションは非常に高い確率で当たることをもう一度思い出そう。

何だかたいへんなものをお見せしてしまったみたいで、少々気が引ける。小川班の人口の問題をお話している間になぜか旧明智町の話になってしまった。ここからは、気を取り直してコミュニティに話を戻そうと思う。

「上納常会」と素晴らしいお葬式

私の所属する隣組の「小川班」では、いまもなお月に一度「上納常会」を開いている。場所はもち回りで、一二世帯になってからは毎年同じ月に当番が回ってくるようになった。ときどき例外はあるものの、毎月二九日の夜、各家から一人ずつ参加している。さすがにいまではなくなったが、数年前までは、各種の税金、電話料金、年金などが集められ、農協に月末持っていくと還付金が出た。「上納」とはお上《かみ》に年貢を納めるといった意味だと私は理解しているが、ちゃんと払ったご褒美として、数パーセントのお金が戻ってくるという還付金制度があったのだ。

しかし、この地域でもいまでは公的支払いは銀行口座から自動支払いになっており、上納常会を開く意味はなくなっている。それでも、毎月月末になると必ず集まり、夜遅くまで四方山話をしている。集金は班の積立金（新年会の費用）や自治会の会費などだけになったが、会自体を誰もやめようとはしない。

これは、いわば月一度の情報交換の場であり、実は集金はどうでもよかったのかもしれない。コメの育ち具合や、誰がどういう病気に罹ったとかいう健康のこと、そのほか諸々の四方山《よも》話《やまばなし》を一〇時過ぎまでし、ときにみんな大笑いをして家に帰る。普段会えないわけでもないが、とにかく月に一度集合して情報交換を行っている。こういうのを、本当のコミュニティというのかもしれない。

小川班のコミュニティとしての結束は固い。しかし、みんな決して仲がよいわけではない。ときに悪口を言い合ったりするが、どういうわけか結束は固い。そもそもコミュニティの基本属性は、構成員が替えられないことだ。どんなに仲が良かろうと悪かろうと、そこに住んでいる以上、運命共同体(?)を組織しなければならない。隣に嫌なヤツがいたら追い出すのか、それとも自分が引っ越すのかというものではない。つまり、嫌なヤツだから付き合わないというわけにはいかないのだ。それが、コミュニティの掟である。

こうしたコミュニティである小川班で、私が引っ越してから四回のお葬式があった。誰かが亡くなると、あっという間に全員が集合して葬式の段取りを決める。死亡届を持って市役所に埋葬許可書をもらいに行くということも班で行う。さすがに、最近は少しだけ仕事を葬儀屋に頼むが、葬式の主催者はあくまでも班である。大体丸二日間は、各家庭から二名が出て葬式のために働く。女たちは食事づくりに追われ、男たちは葬列を飾る竹竿のための竹を切り、墓石を掃除し、葬儀当日の受付などを行う。引っ越して間もないころに一回目のお葬式があった。隣のおばあさんだった。取るものもとりあえず班の人たちが全員集合して、まずは役割分担を決めた。

「あんたは若いから、○○さんと墓掘り頼む」と言われたときは、さすがにショックだった。「ここらあたりはまだ土葬なんですか？」

女房の実家の土葬の話を前から聞いていたので、もしかしたらと思ったのだ。

「土葬はとうの昔になくなった。墓掘り役はいまでは墓石掃除だけ。酒持ってってやるで、墓掃除して一杯やっとればいいんじゃ」という言葉を聞いてほっとした。

二日間で最低五食、毎回数十人分の食事の用意はたいへんだが、みんな手馴れたもので、メニュー決定から買い出し、料理までをてきぱきと行っていく。葬式が終わると、最後にその家の孫が玄関から屋根越しに餅を投げる。餅が屋根を越えて戻ってこないように投げることにより、死者の魂の成仏を促すわけだ。

人が死ぬことは悲しいことだが、これほど心のこもった葬式を経験したことは恵那に引っ越すまでなかった。葬式とは、こうであるべきだと思う。

葬式以外にも、赤ちゃんの誕生、結婚のたびに班の人たちが集う。これまでに結婚式は数回あったが、隣の住人は参加しなければならない。光男さんの娘さんが結婚したときに隣として呼ばれたことがあるが、隣以外にも班の何人かが出席していた。よく考えたら、この人たちは光男さんの親戚だった。

水の話――簡易水道組合と民主主義

　数年前、この地域に市の水道が来た。別に来なくてもよかったのだが、成り行き上、市の水道を使うことになった。それまではどうしていたかというと、実は「簡易水道」を使っていた。昭和四〇年代に農水省（当時は農林省）の補助金で酪農家用の溜池と水道を造り、一〇〇世帯ほどが飲料水として利用していた。組合組織になっていて、定期的に役員が各家庭に回ってメーターの検針を行ったり小さな浄化槽のメンテナンスも行うなど、組合で水道の管理をしていた。我が家は一番上のほうに位置していたため、次亜塩素酸を入れた日は風呂がカルキ臭くなったが、原因が明確なので多少臭くても気にすることもなかったし、水はとても美味しかった。

　市の水道が来るという話が出てから組合で何度も総会を開き、いろいろと話し合った。驚いたのは、普段おとなしい人でも活発な意見を言っていたことだ。自分たちでお金を出し合い、自分たちで管理してきた水道なので当たり前のことかも知れないが、本来の「自治」のあり方というものを見た思いがする。ライフラインのなかでも水はもっとも重要なものであるわけだが、住民の自主管理による公共サービスとは直接民主主義の世界であり、充分それが可能であることを経験した。

意見が大きく割れ収拾に手間取ったのは、市の水道が来ても簡易水道を使わざるを得ない酪農家と、簡易水道を市の水道に切り替えたい人たちとの間の対立があったからだ。酪農家グループは、簡易水道を維持するためにプールしてあった預金をできるかぎり残したかった。一方、市の水道に切り替えるグループは組合財産の処分を要求した。結局、あるところで折り合いがついたが、こうしたことの積み重ねが地域の自治なのだろう。

こうした自治としての活動とは裏腹に、行政施策に対しては大きな関心ももたないで官依存的な人が多い。その原因の一つは、結局のところ税制であると私は思っている（このことについては後に詳述したい）。目に見える範囲でお金が集められ、その使用方法を自分たちで決め

簡易水道の水源「小ヶ沢池」

ることができれば、みんな積極的に意見を言うものだ。日本の税制は、まず上で吸い上げて下に下ろすというものである。上部（国、県）に吸い上げられたお金が降ってくるのを待つわけだから、口を開けているしかない。どうやってお金を使うのかではなく、どうやって自分の口に入れてもらうかになる。地方交付税交付金、各種国庫補助事業など、お小遣いを上からもらうようなシステムはすべて原則的に撤廃し、末端の基礎的自治体が最大の徴税権を握るようにすべきだと私は考えている。

すでにスウェーデンなどではこうしたシステムを導入しているが、目に見えるところでお金が集まり、その利用法を住民の代表者が決めるわけだから政治に対する意識も高くなる。現に、選挙に出かける人は常に九〇パーセント以上という。

コミュニティは崩壊しているか？

国や地方の財政破綻をきっかけに、地域の自治が大きくクローズアップされている。総務省は第二七次地方制度調査会の答申を受け、とくに合併後の地域自治組織のモデルをいくつか示した。こうした机上のシステムの提示とともに、コミュニティ論のなかで話題に上っているのが「ソーシャルキャピタル」だ。日本語では「社会関係資本」という。

アメリカの社会学者パトナムが「ボーリング・アローン――アメリカにおける社会資本の衰退[1]（一人でボーリング、とでも訳すか）」という論文を著し、社会に問題を提起した。簡単にいうと、それまでボーリングは地域のコミュニティの人たちと、あるいは家族でやったものだったが、最近なぜか一人でボーリングしている奴がいる、なぜだろうか？ という問題提起である。

この社会学者は、地域でのコミュニティ崩壊を「ボーリング」を例に挙げて訴えようとしている。コミュニティの崩壊は、犯罪発生率の増加などさまざまな社会問題をもたらすことになる。その後、社会関係資本に関する研究者たちは、地域の人たちと週に何回話をするかなどの調査によってコミュニティの強さのようなものを数値化しようと試みた。こうしてできた数値がソーシャルキャピタルの指標で、数値が高いほどコミュニティとしてしっかりしているといえる。

我が国は、郡部であってもコミュニティがすで崩壊していると見る人もいる。しかし、私の住む恵那市三郷町を見るかぎり、コミュニティは充分に存在している。充分に健全かというとそうとは言えないが、健全化しようと思えば充分にできるだろう。

一五年前に住んでいた名古屋のマンションでは、最後まで誰が住んでいるのかを知らなかった。

（1） Bowling Alone: American's Declining of Social Capital. (1995) Robert D. Putnam, Journal of Democracy 6(1), 65–78

そうした都会に比べれば、田舎にはまだまだコミュニティは残っている。コミュニティが不健全な部分があるとすれば官依存性が強すぎるということである（またあとでお話する）。しかし、不健全な部分があるという理由で無視したり、意図的に崩壊させたりする必要はない。時代に合わせて健全化していけばいいのだ。

私の女房の世代は、コミュニティの息苦しさから多くの若者が田舎を捨てて都会を目指したようだが、いまや昔のような息苦しさはないのではないだろうか。プライバシーもそれなりに守られているし、外部の情報は洪水のように入ってくる。一生涯コミュニティを出たことがないという人、つまり旅行すらしたことがないという人はいまやいないのだ。

しかしながら、本質的な意味でのコミュニティはすでに崩壊しているのだろう。本質的な意味とは、「共有材を管理する仕組みとしてのコミュニティ」（「コモンズ」ともいう）である。難しくいえば、国民国家がいけないのだ。つまり、国家ができたときからすべてのものは「国家（政府）」と「個人」に二分され、それまで共有だったものや共有材を管理する社会システムが崩壊したという論理である。

なるほど、そうかも知れない。昔だったら、山や水路、田畑にかぎらず、子どもだってコミュニティの共有財産だったといえる。そういったものを全部個人に分割したことでさまざまな問題が発生したという側面は否定できない。よくいわれる話だが、多くの里山は共有財産で「入会地」と呼び、コミュニティが定めた特定のルールによって維持されてきたのだ。それが個人に分割され、薪や炭を使わなくなった瞬間に山は荒れてしまった。場所によっては、山の半分は不在地主の所有で間伐さえできないありさまとなっている。それにもう一ついえば、国民国家はその必然として軍事国家にならざるを得ないことも悲しい帰結である。

分厚い「暗黙知」がコミュニティの基礎

週に何度コミュニティの人と会話をしたかがソーシャルキャピタルの指標の一つであると先ほどいったが、そのコミュニティを基礎付けているものは情報の共有だろう。しかも、その情報の多くは文字で書かれたものではなく、会話によって交換された情報である。もちろん、そこに住むことによって得られる地域の風土に関する情報の共有もコミュニティの基礎となる。ただ、そうした情報の多くはそこに住むことによって自然と得られるもので、人的情報交換が生み出す情報とは分けて考えたほうがいいだろう。

こうしたコミュニティ内部で共有している情報は、難しくいえば「暗黙知」なのだろう。暗黙のうちにみんなが共有している情報が分厚ければ分厚いほど、強力なコミュニティといえるかもしれない。もちろん、情報の共有だけでなく、共有材を管理するといった共通の利害がコミュニティを結束させる重要な条件ではある。だが、コミュニティの土台となる重要な部分に、こうした暗黙知の共有があると私は考えている。

毎年五月、この地域で代掻き（田圃に水を張り、耕して平らにすること）が盛りを迎える。もともと水が少ない地域だったため、いまでも夏場になると水争いをしている。しかし、少ない水を誰がどのように使っているかをみんな知っている。

「うちが代掻きすると、○○さんには水が行かなくなる。あそこは仕事が忙しいから、○○さんに先に代掻きしてもらってから、うちはあとでやろう」と、班のある人が言っていた。

水路はいまだ純然たる共有財産で、どこにどういう水路があるのかは、地図を持っていなくともみんな知っている。水で争いをすることはあっても、水を共有し、自分勝手に使わない優しさをみんながもっている。むやみに自分の権利だけを主張することの非合理性を、みんなが知っているのだ。

第4章 二階の窓から——コミュニティの一員として

2階の窓から

月と星の見える窓

ドームの窓にはカーテンがない。いつも外を眺められるが、いつも外から眺められている。といっても、お話したように隣まではいかんせん遠い。ゆえに、ドームの中を眺める人は誰もいない、と思っている。二階の子どもたちの部屋は東に面しているので、朝日がよく当たる。夏などは四時ぐらいから明るくなる。私たち夫婦の部屋も二階だが、逆の西側である。月が尾根に隠れるまで見えるが、夏は最後まで西日が当たって少々暑い。冷房はまったくないので三階（キューポラ）の窓を全開することにしている。理論的には、こうすることによって室内の熱気はすべて出ていくことになっている。確かに、玄関の窓と勝手口の窓を全開にして網戸にしておくと、キューポラの窓から熱気が出て涼しくなる。

引っ越したころは夏でも窓を開け放しておくと風邪を引くぐらい涼しかったが、ここ数年は暑い。といっても、寝苦しいほどの暑さはまったくなく、日中にいくら暑くなっても夜は温度が下がる。名古屋時代に買ったエアコンは、いまのところ倉庫の中で眠っている。

ドームに引っ越してから月をよく見るようになった。満月の夜などは、すべての風景が鮮明に見えるほど明るいし、ライトなしでも充分に林道を歩くことができる。また、近くに人工的な光がほとんどないために星もよく見える。名古屋に住んでいたころには、休日になるとわざわざ郊外に出かけて星を見たこともあったが、ここではそんな必要がない。とにかく、夜がいい。自然を一番感じられるのは夜かも知れない。

最近別荘を建てた人々

数年前に、近所の小さな土地を買って別荘を建てた人がいる。休日になるとやって来て畑を耕している。ちょうど、私がドームを建てているときにその人がやって来た。キット式の小さな家（別荘）はあっという間に建ってしまった。この人は名古屋のお医者さんで、かなり一生懸命に農業をしている。最初は一人で頑張っていたが、最近は奥さんも来るようになった。年齢は私とほぼ同じくらいなので、子どもの世話がなくなったか、ようやく旦那の趣味が理解できるようになったのかもしれない。

この先生のような生活スタイルを「二地域居住」と言うのかもしれない。いまのところ地域コミュニティには参加していないが、少しずつ参加の意志を示してくださっている。

もう一人紹介しておこう。恵那ではなく、郡上市の山奥の石徹白《いとしろ》という所にログハウスを建てた吉田能啓さんは、もう少し根性が入っている。地域の再生のために、地元の有力者が立ち上がってきた「NPO法人安らぎの里いとしろ」を影で支えている人だ。このNPO法人の理事長を務めている石徹白勉さんは、地元の唯一と思われる企業である「石徹白土建」の社長さんである。この社長の妹さんの旦那さんが定年を迎え、ログハウスを建てたのだ。春から秋までは石徹白で、冬は名古屋で暮らしているようだ。いわば定年後のUターン組で、この年齢になって地域社会に貢献しようとしている画期的な人たちだ。

こうしたケースはまだまだ特別で、せっかく定年後に生まれ故郷に帰ってきても、都会暮らしが長かったためになかなかコミュニティに復帰できない人も多い。でも、田舎には土地も家屋もあり余っているので、団塊の世代の人たちは、是非生まれ故郷に戻って地域に貢献してもらいたいと願う。

国交省が考える「二地域居住」の危うさ

急に話が硬くなるが、国土交通省では現在「国土形成計画」なるものを進めている。戦後長らく続けてきた全国総合開発計画（第五次まであった）というのをやめて、国土形成計画になったのだ。第四次ころから「開発」という語に抵抗感を示す国民が増え、第五次では「国土のグランドデザイン」という名称に変えた。それでもまずいということで、抜本的な変更を行って国土形成計画となった。

国土形成計画には、従来のような新幹線や高速道路の計画はない。さらに、国主導の計画ではなく、地域主導の計画に切り替えるという画期的進化を遂げた（よくいえばの話だが）。結局、金がないということかも知れない。

国土形成計画に関する議論は国土審議会の計画部会で行われているが、日本の将来のライフスタイル、持続社会構築、農地林地の保全など、国土交通省という一省庁の議論とは思えないほど広範な議論を繰り返している。素晴らしいといえば素晴らしいのかも知れない。でも、「国土交通省って何なんだろう？」と思ってしまうのも事実である。

その議論のなかに、これから国土交通省が進めようとしている「二地域居住」というアイデアがある。疲弊した地域を活性化する方策として、年金が満額もらえる最後の世代である団塊の世代の方々を対象として、地方にもう一軒家を建ててもらって暮らしていただくというアイデアである。もちろん、空家を利用してもいい。いわば、長期滞在型の別荘のようなものである。都会の喧騒を離れて田舎暮らしをしてもらい、できれば地域でボランティア活動なんかもやってもらったり、コミュニティ・ビジネスなどをはじめてもいい。とにかく、田舎に金を落とすか、マンパワーを落とすかしてもらう。

先ほどお話した近くに別荘を建てた先生は、地域にお金もマンパワーもまったく落としてくださらない。ひょっとしたらこれからそうなるのかも知れないが、少なくともいまはそうではない。もし、二地域居住を真剣に考えるのであるならば、地域の受け入れ態勢をしっかりして、「こういう人に来て欲しい」と地域のほうからアピールするのがいいかも知れない。

この二地域居住というアイデアは机上論に近いのではないかと私は見ているが、近所の先生の例もあることゆえ、うまくいけば結構な話ではある。ただ、国の偉い方に「国土交通省は何年先までのことをお考えか？」と質問したら、「最長で一五年」という答えが返ってきた。「一五年先って、あなたが定年を迎える年ってこと？」と、お聞きしようとしたがやめておいた。

一五年先には、私も、そしてもう少し若い世代も定年退職を迎えるわけだが、団塊の世代のように満額年金をもらうことはできない。二地域居住が可能な裕福なる世代は、せいぜいあと五年ぐらいが限度だろう。では、その後はいったいどうするのか？　今年定年を迎えて二地域居住をはじめる人たちは、一五年後には七五歳になって、もうそろそろお迎えが来る時期となる。もし、田舎に貧弱な医療と高齢者福祉しかなかったら、結局都会に戻って田舎に空家が増えるということになり兼ねない。何とも不透明な施策である。

いずれにせよ、コミュニティのメンバーが増えることはきわめて稀である。いままではよそ者を排除する傾向にあったコミュニティだが、これからは積極的によそ者やUターン組を受け入れたほうがいい。そうでもしないと、たちどころに崩壊してしまうことになるのは間違いない。

地域コミュニティの紹介

さて、少々わき道にそれたが、地域コミュニティに話を戻そう。先に、地域コミュニティの最小単位である小川班の話はした。次は、もう少し大きなコミュニティのお話をしよう。

小川班の次に大きなコミュニティは「西組」という。西以外に、「東」、「宮ノ前」、「中」、「大沢」と呼ばれるコミュニティがある。これらのコミュニティには自治会長がおり、子ども会や「どんど」、「なんまいだ」などの地域行事を行う組織を形成している。ちなみに、秋の大祭では組単位で神輿《みこし》を担いだりしている。

こうした組の上の組織はというと、「野井区」という名の行政区となる。このコミュニティには区長がおり、さらに上の組織は「三郷町自治連合会」となる。三郷町は純粋な行政区であるため、住民においては「三郷町民」であるというアイデンティティは比較的薄い。そして、年齢が高くなるほどその傾向が強くなる。

三郷町は、その昔、「野井」、「佐々良木」、「椋ノ実」という三つの村が合併してできた町である。したがって、野井、佐々良木、椋ノ実という枠組が古来のコミュニティとしては最大のものといえる。しかし、三郷町の人口は二七〇〇人ほどしかおらず、小学校は統合されて一校になったいま、三郷町もコミュニティと考えるべきだろう。小学校を通じて町民同士のコミュニケーションは盛んだし、いまの親たちの多くは旧三郷中学校（現・三郷小学校）出身者で顔の知れた仲である。つまり、私のようなよそ者にはもち得ない多くの暗黙知を共有しているのだ。

ただ、小学校を中心としたコミュニティと中学校を中心としたコミュニティは少々イメージが違う。これは、子どもにも親にもいえることで、その原因は六年か三年かという長さにある。また、現三郷小学校は一学年一クラスの小じんまりとしたものなので、親も子も六年間にわたって同じメンバーとの付き合いとなるため、いやでも結束は固くなる。一方、周辺の四小学校からなる中学校区はもはやコミュニティとしては機能していない。長島町（長島小学校、北小学校の一部）、武並町（武並小学校）を合わせた人口は一万五〇〇〇人ほどで、人数的にはコミュニティを形成できるのだが、共通の利害が中学だけでそれ以外のつながりがないのだ。

となると、どう考えてもこの地域の場合の最大コミュニティは「三郷町」という小学校区になる。あとでまたお話するが、こうした考えは持続可能な社会を構築するうえでとても重要な要素となる。

さて、小さくは小川班、大きくは三郷町というコミュニティに属して、そのうえ子どもがいると目が回るほどの行事に追い回されることになる。以下で、そんな行事の数々を紹介していこう。

「正月」と「なんまいだ」

これからお話するのは、正月からはじまるコミュニティの行事の一部についてである。

恵那に引っ越してから、我が家の正月は横浜の実家で迎えるというのがほとんどだった。実をいうと私は「浜っ子」で、二五歳ぐらいまでは横浜にいた。その後、名古屋に約一〇年いたあとに恵那に引っ越してきたのだ。たまたま、二〇〇七年の正月は長男が受験だったために、横浜に住んでいる母を恵那に呼んで初めて恵那での正月を味わった。

大晦日の夜、地域にある二つの寺に行ったが、そこには檀家の人たちが大勢集まっていた。私は檀家ではなかったが、初めてお寺での新年を味あわせていただいた。生まれて初めて年が明けて間もない深夜のお寺でお経を聞いたが、こういう新年の迎え方もなかなかいいもんだと思った。

年が明けると、早々に子ども会の行事が待っている。まず、三日に「なんまいだ」と呼ばれる行事がある。コミュニティの単位は「西組」で、子ども会の役員は子どもと一緒に西組中の家を一日かけて回って、「なんまいだ、なんまいだ、光明遍照」と唱えてご祝儀をもらい歩く。

我が家には子どもが四人もいるので、この「なんまいだ」を何度も経験させていただいた。子どもたちは、一軒ずつ、幣束をつけた笹を振って呪文を唱えながら各家のお払いをしていく。それぞれの家の人たちは西組の子どもたち全員を迎え、「少なくなったのう」などと言いながらも自然と子どもたちの顔を覚えてくれる。そして、この行事で集まったお金は、次にお話する「どんど」と子ども会の資金として使われることになる。

「なんまいだ」が終わると、間髪をい入れずに「門松集め」がある。この地域では、どの家も立派な門松を建てている。これを、子どもが中心となって集めていくのだ。集めた門松は、次にお話する「どんど」の火となる。

「どんど（差儀長）」

子ども会は、毎年、暮のうちに何回か集まって「差儀長」をつくっている。「差儀長」が何かというと、いまだによく分からない。鳥の格好をしているので「鷺」かも知れないが、やはりよく分からない。とにかく、暮のうちに集まってつくる。数年前に誰かがつくった見本が保存してあり、昨年の製作風景を撮った写真を手がかりに、稲わらと半紙でつくる。純白の、大きく羽根を広げた鳥、「もしかしたら鷺？」というものができあがる。

「どんど」は成人式の日に行う。前日から子ども会の役員が集まって、大きくて立派な、しかもまっすぐな竹を選んでそれを切り、中心に据える。その先端に差儀長をつけて、三方からわら縄

なんまいだ

差儀長づくり

で固定する。差儀長の頭の向きがその年の吉方となる。そして、その竹の周りに門松を隙間なくわら縄で縛りながら置いていくのだが、その直径は三メートルほどになる。これで準備完了。中心の竹の高さは一〇メートル弱といったところである。

　成人の日の午後、この「どんど」に火をつける。燃え出すと、炎はあっという間に竹を固定していたわら縄に移り、竹が倒れる。その倒れた方向でその年のコメのできを占うわけだ。火が収まると、西組中の人が集まってきて、おき（炭）を使って餅を焼く。毎年、このどんどにしか使わない餅網を持ってくる人もいる。おきはたくさんできるが、猛烈な熱さのためになかなか近づけず、竹の先に餅網をくくりつけて焼く人もいる。そして、その餅を食べて今年一年の無病息災を願うのだ。

どんと

　この行事には西組中の人が集まるので、ここに行けば組のすべての人に新年の挨拶ができる。また、来た人には子どもたちがお神酒を振舞う。

「慰霊祭」と「お雛さま見せて」

まだ冬景色の残る三月には慰霊祭がある。この地域から出征して戦死した人たちを祭る戦没者慰霊祭だ。コミュニティ単位は野井区で、公民館に集まって神仏混交において行われる。祭りの当番にあたった班と自治会の役員がこれを取り仕切り、日清・日露戦争で亡くなった方々や大東亜戦争で亡くなった方々を祭る。地域の氏神である武並神社の裏手には、大きな慰霊碑も立てられている。

三郷の春は遅い。ゴールデンウィークをかなり過ぎてもストーブはしまえない。

四月の春休みに「お雛さま見せて」という行事がある。コミュニティ単位はというと、これも西組だ。子どもの有無にはまったく関係なく、老人だけの家庭であってもこの時期にお雛様を飾っている。なかには、古い土雛を飾っている家もある。子どもたちは、「お雛さま見せて」と言いながら西組中を回り、それぞれの家でお菓子をもらう。ここでも、組の人たちと子どもの間にコミュニケーションが生まれ、「あんた、どこの子や?」と言いながら組の人たちは西組の子どもを覚えていく。そして、逆に子どもたちも西組の大人たちを覚えていくことになる。

高学年になると、大きなリュックサックを持って出かけていく。ときには、組の外まで遠征して、リュックいっぱいのお菓子を背負って帰ってくる。

「マスつかみ」と「夏祭り」

夏になると、毎年うちの隣の川でマスのつかみ捕りを行っている。川を堰き止めて水深を少し深くし、そこにマスを放流して手で捕るのだ。保育園児から小学生まで、そしてその親も含めて大勢の人たちで賑わっている。つい最近分かったことだが、主催は農協の壮青年部で、とにかく毎年やっている。このとき、我が家の庭では炭を用意して、大人たちがバーベキューをはじめる。川で大騒ぎをしている子どもを無視して、大人たちは昼から酔っ払っている。

その日の夕方、保育園の隣にある「農業者トレーニングセンター」(通称・トレセン)のグラウンドで夏祭りが催される。コミュニティ単位は野井区で、これが結構盛大である。この祭りのために結構のお金を集め、それで花火をやるのだが、これが驚くほど盛大で毎年びっくりする。また、露店はすべて祭りの役員が行っているので外部からテキヤは入ってこない。一〇〇パーセント手づくりの祭りなので役員はたいへんだ。盆休みなので、都会に出ていった人たちも集まってくる。

秋祭り

秋には、「秋の大祭」と呼ばれる秋祭りがある。神社に奉納される獅子舞は市の無形文化財になっており、由緒正しい祭りである。これが、野井区の年中行事のなかで最大のイベントである。祭りの当番になると、しめ縄づくり、餅づくりなどのたくさんの作業が待っている。また、神社に奉納する獅子舞と巫女の舞は、夏からかなり真剣に練習することになる。子どもが多かったその昔はこの役に当たることが名誉だったそうだが、いまでは子どもを探すのに一苦労である。大概、中学生か高校生が選ばれるが、「昔、乙女だったおばさんから選ばんと巫女が見つからん！」という冗談が出るくらい子どもがめっきり減ってしまった。奉納される獅子舞は「重箱獅子」と言い、なんでもその昔、徳川家康が戦いに敗れて逃れる途中にたまたま村の祭りに出くわし、傍らの重箱を被って獅子と一緒に踊って難を逃れたという言い伝えがある。しかし、この地で家康が敗れた戦いの記録はない。

獅子舞に使う獅子はすでにボロボロとなっており歴史を感じさせるものだったが、あまりにも古くなったので昨年新調したようだ。当然、古いものは大切に保管してある。何百年もの間続いている由緒正しい舞には違いないのだが、悲しいかな、いまその正確なルーツを知る人はいない

(家康の家老であった本多氏がこの地に伝えたという伝説はあるらしい)。

神輿は、組単位で担いでいる。そして、大人の神輿とは別に子ども会の神輿もある。西組はかなり広いために、大人の神輿は軽トラックに乗ったまま移動するのが常となっている。結構重いので、歩いたらみんな参ってしまうだろう。ときどき軽トラックから下ろして「わっしょい、わっしょい」とやるが、移動は基本的に車である。九時前に神社を出発し、早いときには一〇時半には神社に帰ってくる。そして、ちょうどそのころ巫女の舞と獅子舞がはじまっている。

舞が終わると、獅子を踊った青年たちが餅投げをする。あっという間に終わるのだが、その数分間は、みんな餅を取ろうと殺気立っている。多くの場合、隣同士で飛んでくる餅の取り合い

巫女の舞

となって爪で引っ掻きあうことになる。それでもほとんどの人が二つ三つの餅をキャッチし、餅捕り合戦は終わる。餅投げが終わると、組ごとにビニールシートを敷いての大宴会で祭りもお開きとなる。

市町村合併顛末記

岐阜県民は、他県の方と比べると官依存性が強く、お上《かみ》のいうことには何でも従ってしまいがちである。想定された通り、お上の推奨する市町村合併も大いにやってしまった。九九もあった市町村はいまでは四〇ほどとなり、恵那市がある東濃（東の美濃という意味）東部は七市町村が合併して中津川市に、そして六市町村が合併して恵那市となった。合計一三の市町村が二つの市になったわけだ。

この東濃東部の二つの合併は、その種類が違っていた。お隣の中津川は吸収合併であるが、我が恵那市は対等合併だった。どちらかといえば、対等合併のほうが合併推進のミッションには合っていると私は思っている。

そもそも合併は行政の合理化が目的だったわけだが、必ずしもそうはならず、非合理化が進んでしまった地域もある。非合理化とは、新たな中央集権構造の構築のことである。国や県、市町村の財政破綻の原因は強すぎる中央集権だと私は見ているわけだが、合併して新たなミニ中央集権をしてしまったら財政破綻を加速させることになる。できるかぎり地域でできることは地域に任せる、先にお話した「補完性の原則」に則って進めないと合併は逆効果となるのだ。

祭りの話から急に厄介な話をもち出してしまったが、実は、恵那市と合併した町村がまず困ったのがこの「祭り」だった。恵那市と合併した町村は、人口一〇〇〇人に満たない串原村から、八〇〇〇人ほどの明智町までの五つの町村だ。こうした規模の町村の最大のイベントは何たって祭りである。小さな串原村といえども、毎年秋になると「へぼ祭り」という祭を盛大にやっていた。「へぼ」とはクロスズメバチの幼虫のことで、この地域では、秋になると一部のマニアっぽい人たちが目の色変えて蜂を追いかけている。「へぼ祭り」では「へぼコンテスト」が行われており、誰が一番大きい蜂の巣を捕ったかを競っている。

こうした町村の祭りに町村行政は大きな負担をしていた。何といっても地域最大のイベントなので、公金を支出して、しかも役場の役人が総動員で祭りを運営してきたのだ。これが、合併してできなくなった（正確には、できなくなりかけた）。当然、町村からは大きなブーイングが起こった。市主催の祭りにすることでお金は何とかできたが、総動員していた役場の役人はその地域の人たちではなくなってしまった。ちなみに、合併前にあった町村の役場は「地域振興事務所」という市役所の支所ようなものになった。

いずれにせよ、夕張市に代表されるように国や自治体の財政破綻は深刻である。岐阜県内の多くの自治体でも、間近に財政破綻を迎えようとしている。お隣の中津川市は公債比率（歳出に占める借金返済の割合）が一八パーセントを超えてしまい、単独決済で市債を発行することができない状態となった。県内の地銀担当者によれば、「すでにびた一文貸すことができない」自治体もあるという。

総務省は、かなり前から全国の都銀、地銀に対して地域の市町村の財政状況の調査を指示しており、すでにブラックリストはできあがっている。夕張市だけが特別なわけではなく、全国の多くの自治体が瀕死の状態となっているのだ。瀕死というか、民

「NPO法人まちづくり山岡」の挑戦

また、全戸が会員となってNPOをつくり、全国的に有名になった山岡町も恵那市と合併した町だ。山岡町には山内章裕さんという画期的な町長がいて、住民を巻き込んだ自治を展開していた。その町長の考案で、合併してもそれまでの町内の公共サービスをできるかぎり残すために町全体をNPO法人としてしまったのだ。「それって、NPO法人？」という素朴なる疑問が生まれてしまうほど乱暴なやり方だが、町を守ろうとした町長の行為を無碍に責めるわけにはいかない。山内町長は新市の市長選で敗れ、一時期は「NPO法人まちづくり山岡」は低迷したが、また息を吹き返して現在先駆的な事業を行っている。

間レベルの感覚では、すでに死に体、ゾンビというべきかも知れない状態である。ゾンビなら消えていただくしか方法はないが、まだ瀕死といえる状態であれば救命救急を施すことができるのだ。そして、救命救急だけではなく、長期的に持続可能なビジョンを示す必要があろう。付け焼き刃的な施策はもはや通用しない。

地域協議会は新たなガバナンスになり得るか

財政破綻を食い止める方法として、補完性の原則に則ってできるかぎり地域に任せる施策を多くの自治体が模索している。恵那市では、合併した町村と旧恵那市内の町単位に地域協議会をつくった。各地域協議会では、五年間で最大三〇〇〇万円をソフト事業を中心として自由に使うことができることになっている。協議会ごとに事業計画と予算案をつくり、市を納得させればそのお金が下りる仕組みとなっている。つまり、地域の計画策定力、予算積算力、そして予算消化能力が試されることとなったわけである。

こうした施策自体に問題がないわけではないが、いわば地域の自治能力が試されることには違いなく、非常に興味深いものである。なんて、他人事のように言ってはいけなかった。実は、私も地域のご老体とともに地域協議会の一員として参加しているのである。構成メンバーは、連合自治会長、区長、その他の顔役、そして小学校のＰＴＡ会長といったところである。私はＰＴＡ会長ということで昨年度から参加しているが、残念ながらいまのところ施策の趣旨がまったく伝わってはいない様子である。本来ならば、地域の問題をピックアップして、何が問題かを共有するところからはじめるべきなのだが、「初めに市ありき」という官依存性が依然として支配しており、ちゃんと動き出すには時間がかかりそうである。

なお私は、遠慮がちに少子化対策として地域に簡易的な学童保育をつくることを提案している。最低限の子育て環境が整っていないと、若いお母さんたちは逃げてしまうことになる。これ以外にも、恵那市には産婦人科が廃業するという大きな問題があった。こちらのほうは、お隣の中津川市民病院との話し合いで何とかなったようだが、安心して子どもを産むことができず、子どもを育てられない地域にどうして若い夫婦が定住できるんだ！　残念ながら、こういう根本的な問題意識が少々希薄なのである。

「国内ＯＤＡ」とは

では、なぜ問題意識が希薄なのだろうか。その原因を分析するためには、これまでの地域経済、そして地域での生活の推移を分析する必要がある。地域経済の分析は少々厄介なことなので、まずは地域での生活の推移を考えてみよう。

いまの若い人たちには信じられないかもしれないが、私の実家がある横浜でさえ、道路が舗装されたのは東京オリンピックのあとだった。そして、下水道が完備したのもそのころだった。おそらくは、私の世代が高度成長の前の時代を知る最後の世代であろう。

私の父は学者をしていたが、私が小学校の二年のとき、アメリカのイリノイ大学に客員教授として二年間渡米した。その二年の内の一年間、私は兄と母とともに渡米した。渡米前後の家というと、歩くと足が引っかかる破れた畳、七輪を使った炊事、薪で炊く風呂といった状況がいまでも記憶に残っている。もちろん、食卓に肉が並ぶということはほとんどなかった。アメリカに着いた日、深夜にもかかわらず、冷蔵庫いっぱいに買い込んだ肉を出して父が言った。

「お前ら、ここで大きくならないと一生大きくなれないぞ！　どんどん肉を食え！」

高度経済成長がようやく一通り都会に行きわたった感じがしたのは、帰国後数年経ってからである。そして、社会がそれなりに豊かになって、多くの人たちが豊かさを実感したのはもう少し経ってからのように記憶している。これって、よく考えると比較的最近の話なのだ。

都会が高度成長の恩恵にあずかってから数年後に、地方でも豊かさを実感できるようになった。これは、本当に最近のことだ。だから、とくに戦争を体験した世代の人たちにとってはいまが一番いい状況と思われる。人生のなかで、いまほど物質的な豊かさを感じているときはないだろう。

だから、危機感など生まれるはずもないし、これが生活観となる。

郡部の経済成長は、一言でいえば「国内ＯＤＡ」政策によってなされた。ＯＤＡとは政府開発援助のことであるので、「国内ＯＤＡ」というのはとても変な言葉である。ちなみに、この言葉は地方のシンクタンクを経営する私の友人がつくったものである。

政府は所得の再分配という名目か、地方にどんどん金をつぎ込んで公共事業を盛んに行った。もちろん、すべてが無駄だったわけではないが、こうした公共事業が地域経済の核になってしまったのだ。「あなたの地域の地場産業は？」と聞かれて、思わず「公共事業」と答えてしまうという地域がたくさんできてしまった。公共事業が未来永劫にわたって地域を豊かにする保証があれば問題ないが、そんなことがあるわけがない。公共事業とはインフラの整備であり、整備されたインフラは地域経済を活性化する道具立てという意味でしかなく、それそのものが地域の基幹産業になるはずがないのに、そうなってしまったのだ。

この構造は、まずいＯＤＡと同じである。発展途上国に行って、どんなものでも「これ欲しいですか？」と聞けば、誰だって「欲しい」と言うに決まっている。たとえば、大きい船が欲しいと言うから大きい船を援助した。そして、数年経って行ってみたら、その船は錆び付いていた。「どうして使わないんですか？」と聞くと、「故障したあと、誰も修理ができなかった。部品が調達できなかった」と言う。こういう話は山ほどある。

最近では、多少マシなODAが出てきてはいるが、まだまだこの手のODAは後を絶たないようだ。マシなODAとは、いわゆる自立援助を中心に行っているODAである。こうしたODAを普及させるには高度なノウハウと人手が必要となるため、現在のところあまり普及してはいない。

ここまでお話すれば、「国内ODA」の意味がお分かりいただけただろう。地方に普及した公共事業は、全部とはいわないが地域の自立を妨げてしまったのだ。地域経済全体のなかでの公共事業の比率が高ければ高いほど、経済は行政頼みとなってしまう。つまり、土建業を生業とする人が多ければ多いほど地域経済はお上《かみ》に牛耳られてしまうということだ。

もともと、地方には歴史的な官依存体質（お上に逆らわない体質）があったのだろうが、経済的従属を強いられたこうしたお上との関係はメンタルな従属性ではない。もっと、どうしようもない従属性なのだ。「地域の自立」という言葉の意味には、当然だが経済的自立という意味も含まれている。土建業に代わる、本当の意味での地域経済の核になる産業を興さないといけない。できれば、大企業の誘致ではなく、地域の資源だけを使った産業を興すことが今後の地域自立にとっては最大の鍵となる。

こうした文脈のなかで、「エネルギー」がキーワードになると私は考えている。人口わずか一五〇〇人、しかも地場産業のほとんどない愛知県豊根村でさえ、年間エネルギー使用量は金額べースで五億円となっている。世帯数は五〇〇戸なので、一世帯あたり一〇〇万円にもなっている。なお、こうしたプランに関してはのちに詳述することにする。

「地域自治組織」——地方制度調査会の答申

さて、この章ではコミュニティについてお話したわけだが、少々硬い話を入れざるを得ないぐらい事態は深刻であるということを分かっていただきたい。硬い話のついでといっては何だが、以下で今後の地域自立の枠組についてお話してこの章を締めくくりたいと思う。

いままでの話にも何回か出てきた地方制度調査会の答申には、「地域自治組織」のさまざまなスタイルが描かれている。残念ながら、まだまだ腰が引けていて本当の自治の姿が描かれているわけではないが、何といっても霞ヶ関の先生たちがおつくりになったものなので、これは致し方ないだろう。いずれにせよ、国が本気になって地域自治組織を論じた背景には財政破綻の危機がある。何とか地域に自立してもらわないと国がもたない、と国の中枢は思っている。しかし、各省庁はいままで保ってきた既得権を手放したくないし、地方をまだまだ子どもと思っている。そして、当の地方はまだ子どものままでいたいと思っているところもあり、地域の自立を妨害する要素は山ほどある。親離れできない子どもと子離れできない親の関係のようで、まったく見ていられない状況である。

では、地方制度調査会の答申はいったい何をめざしているのだろうか。提示された地域自治の具体像を少しだけ見ておこう。

めざすのは、小地域におけるガバナンスの構築である。「ガバナンス」とは「統治」のことで、どうやって治めていくかという意味である。「治める」ということの具体的な意味合いは、地域の公共サービスに関しての予算策定と予算消化である。したがって、何となく内々で選ばれた自治区の長（この地域でいえば、野井区長や三郷自治連合会長）ではこの地域は治められない。もっと民主的な方法で長を選び、予算執行組織がしっかりとしていなくてはならない。

こうしたことを踏まえて、大きく二つのスタイルが答申に提示されている。一つは、自治体の長が地域自治区の長を任命するというやり方、もう一つは、地域自治区で公職選挙法に則った選挙で長を選ぶやり方だ。後者の方法で地域自治区の長が選ばれると、かなりの権限が与えられることになる。スタイルとしてはそれなりに考えられているが、こうした小地域の自治体制を実行している自治体はまだまだ稀である。すでにお話した三郷町の地域協議会は、こうしたスタイルに移行する練習といったところだ。

なお、一般論だが、地方自治に関してどうしても触れなければならない問題として議会の問題がある。すでに、スウェーデンのような国では地方議会は夜に開催されている。したがって、サラリーマンや学生でも、なろうと思ったら議員になることができる。我が国では議員の政務調査費などが問題になっているが、欧米の多くの国々では、地方議員はそもそもボランティアで、報酬というものは基本的にない。あっても、せいぜい日本の委員会報酬程度である。日本の地方だと、市役所のＯＢとか息子に後を譲った土建屋のオヤジあたりが議員になるケースが多く、残念ながら議会そのものが機能しているとは言い難い。みんな頭にきている……きっと。

もう一つの問題は年齢別の投票率だ。年齢が高くなればなるほど、投票率は一般的に高くなっている。少子化が進んで若者が地域から姿を消すと、しかも選挙におけるマジョリティーが高齢者に傾けば傾くほど若者には住みにくい地域となってしまう。先ほどお話したように、とくに七〇歳以上の人たちはいまの環境が一番で、残念ながら危機感がない。そして、そういう人たちの声が政治的メジャーになってしまうのだ。これこそ危機である。

まあ、冗談としてお聞きいただきたいが、いっそのこと、二〇代には五票、三〇代は四票、四〇代は三票、五〇代は二票、そして六〇歳以上は一票という投票区分にしたらどうだろうか。こうでもしないと、将来の地域の青写真は描けないだろう。明日死ぬかもしれない人ではなく、明日確実に生きなければならない人のための社会をつくらねばならない。

人間はいままでさまざまな社会体制をつくってきたが、どの社会も、すべての構成員が気持ちよく最大の能力を発揮できる社会をめざしてきた、と私は思いたい。皆さんがめざしている社会もきっとそうに違いないと思っている。子どもからご老人まで、みんなが能力の最大限を発揮し、生き甲斐をもって生きていける社会が理想の社会だ。

私は、個人的には死ぬまで健康で働いていたいと思っている。そして、子どもたちもそうであって欲しいと思っている。皆さんはどうだろうか……。

第5章 キューポラの窓から——流域を考える

キューポラの窓から

庄内・土岐川流域

ドームの三階はキューポラとなっている。完全に宙吊りなので梯子で上がらなければならないが、我が家に初めて来た人はたいがいここに上る。ドームが完成してしばらくしてから、固定資産税を確定するために来た市役所の若い職員も上った。キューポラから下を覗くと一階にいる人が小さく見えるほど高いため、高所恐怖症の人は下を覗けない。

キューポラの広さは四畳くらいで、ドームの頂上は五角形となっており、その頂点から下に降りている五本の太い鉄パイプにキューポラの床面が固定されている。キューポラ内の高さは、真ん中の一番高いところでも一七〇センチメートル強くらいで、立っているのには少しきつい状態である。展望は三六〇度、五つの窓があるので周辺のすべてが見わたせる。そう、天守閣の最上階のような感じである。

当初の予定だと、ここでビールを飲むことになっていた。小型の冷蔵庫を置いて、常に冷えたビールを置いておくという計画だった。しかし、キューポラの側面を付けていないために酔っ払ってフラッときたらきわめて危険な状態となるため、いまだ計画は実行されていない。いまのところ、夏場に窓を開けに行くときと、お客様を案内するとき以外はほとんど上ることはない。

書いていて思い出したが、このキューポラの設置はかなりたいへんだった。そもそも構造が複雑だったため、一階の床でまず組み立ててみた。太い鉄パイプにはネジが切ってあり、特殊な金属ジョイントを固定し、そのジョイントに２×６のキットをボルトで固定する構造となっていた。何度やってみてもうまくいかない。五本の２×６の部材をよくよく調べてみたら一本長いヤツがあった。これでは、うまくいくわけがない。頭にきたので、「ティンバーライン・ジオデシックス」の社長にすぐメールしたところ、その返信を読んで飽きれてしまった。

「短くなくてよかったな！　適当に切ってくれ」

さて、キューポラから見わたす絶景は、地理的には庄内・土岐川上流となる。下流に向かうと瑞浪、土岐、多治見といった陶磁器の町、そして多治見を越えると峡谷となり、それを過ぎると高蔵寺ニュータウンをかすめて名古屋市に流れていく。その先はというと、名古屋市のゴミ問題の一つの中心となった河口部の藤前干潟へと流れて、伊勢湾につながっている。また、いくつかある支流の一つには、「愛・地球博」で問題となった「海上の森」を水源とする矢田川がある。

物質循環、生態系などの視点で考えられる最大規模の「地域」が、こうした「流域」である。最近、全国のさまざまな流域で流域単位の地域デザインが考えられているが、この流域単位の動きにはさまざまな難点もある。いまの時代、流域の住民に「流域の民」であるという自覚はまったくと言っていいほどない。とくに、庄内・土岐川流域はそうであり、生活のなかで川が意識されることはほとんどないのだ。

岐阜県内を見わたすと、かろうじて流域単位で動ける地域といえば長良川流域だ。長良川は昔から生活に密着した川だったし、鵜飼などのように全国的に有名になった観光資源もあり、いまでも流域の人たちはそれなりに川を意識しながら生活している。時代を少し遡れば、上流でできた美濃和紙や材木が岐阜市の湊町に集結していたため、材木と和紙の問屋がひしめきあってこの辺りは大いに栄えた。中流域の美濃市にも港町というところがあり、上流から陸路で運ばれてきた和紙がこの港から岐阜市の湊町まで運ばれたのだ。いまでも、岐阜と美濃の二つの港（湊）には燈台が残っている。

庄内・土岐川の最源流である我が家の周辺には、幸いにも自然が残っている。数年前、息子がすぐ上流でカモシカの死体を発見した。友達と川伝いに上流を「探検」していた際に見つけたのだ。「何だか分からない動物の死体を発見したのでいっしょに見に行こう」とあまりにもうるさく言うのでしょうがなく見に行ったが、けしからんことに角を切られたカモシカの死体だった。息子はどうしても「骨格標本をつくりたい」と言ったが、「白骨化するまでここに置いときなさい」と言う私にしぶしぶ同意した。しかし、その後、雨が降るたびに流されるのではと気になってしょうがないので死体回収に向かった。回収した死体は畑に埋めて白骨化を促進させ、まだ少し肉がついている骨格を夏休みに掘り出して自由研究とし、それがどうやら賞をもらったようだ。

　厳密にいうと、カモシカは天然記念物のために、死体を発見したら市の教育委員会に届けなければならない。まあ、教育委員会の「出先機関」である中学の夏休みの宿題として提出したのだから、しかも賞までもらったようなので間接的には教育委員会に届けたことになろう。

　カモシカの発見場所は、我が家から歩いて五分くらいの所である。発見場所の周辺には、ときどきカモシカと思しき足跡が残っている。女房が近くを運転中、道にカモシカが出てきて横断するまでしばし待っていたということもある。

　春になると野ウサギにもよく出くわす。近所の家では、何と野ウサギの餌付けに成功して飼っていたという話もある。そのほか、畑の天敵であるイノシシ、颯爽と歩く姿が美し

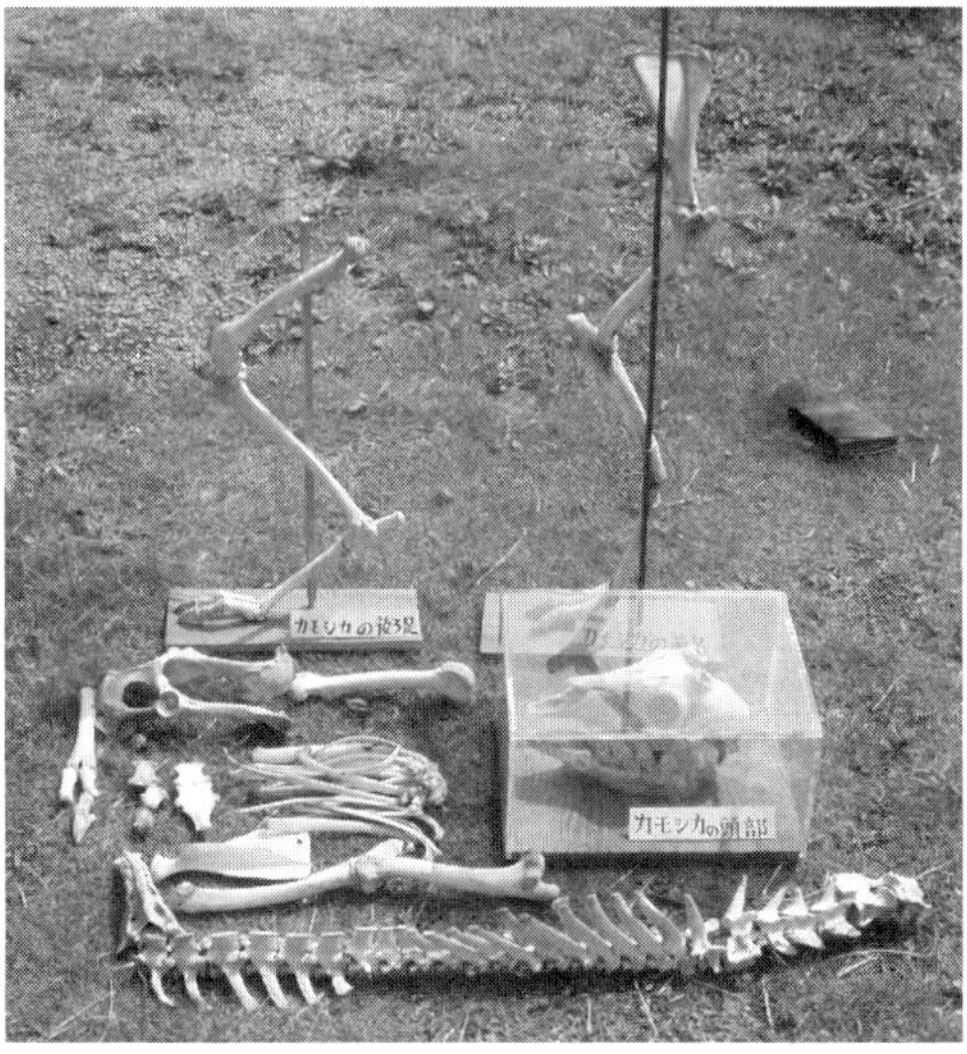

カモシカ骨格標本

いキツネ、平成ぽんぽこのタヌキ（始終、道に死骸あり）など動物はそれなりにいる。あまり見ないがテンやリスもいるし、最近では、ニューフェースとしてヌートリアもときどき出没している。

こうした里山、いまはほとんど利用されていないが、一昔前までは重要なエネルギー源であり食糧源だった。全国の「里山」と呼ばれる森林の多くは、薪炭林だったのだ。雑木は切っても数年経てば横から枝が出て、二〇年も経てばまた薪や炭の原料となった。いまでも、隣の俊ちゃんだけは薪でご飯を炊いている。だから、俊ちゃんはちゃんと薪を集めている。現在ではこんなにエコロジカルな生活をしている人はほとんどいなくなったが、一昔前まではこの周辺のほぼ全員がこういう生活をしていたのだ。

よく考えれば、我が家の裏山は「油田」のようなものである。本当の油田はなくなったらそれまでだが、里山は使用量を再生可能部分だけにかぎれば未来永劫にわたって使うことができる持続可能な「油田」である。第1章で、木質バイオマスを使った発電の話をしたが、発電にしろ熱としての利用にしろ、田舎にいるかぎりエネルギーで困ることはなさそうだ。「ラッキー！」と言わざるを得ない環境である。

山の民、里の民、海の民

昔は、どこの川でも流域単位で、上流から「山の民」、「里の民」、そして「海の民」が有機的な連携をしながら暮らしてきた。この地域は山がそれほど深くはないので東北の「またぎ」のような人はいなかっただろうが、それでも山で薪を集めて売り、自分の学費を稼いだという人が小川班にはいる。また、恵那市内には、いまでも冬になるとイノシシを獲って生活しているという人もいる。一頭ウン十万円らしいが、一年に二〇〇頭も獲る人がいるらしい。しかし、そういう人は特別な人で、多くの人たちは薪炭を取りに山を利用していた。したがって、この地域の人々は「山と里の民」といった感じなのだろう。

では、海とはどのように関わりをもっていたのだろうか。一見無関係のように考えられるが、全国の川のどんな上流に行っても必ずといっていいほど「金毘羅さま」が祭ってある。我が家の西側の尾根上にも金毘羅さまがあり、祭りの当番になると登っていってお祀りをする。

この金毘羅さまとは何かというと、海の神さまだ。正確にはワニの格好をした神さまで、語源的には「クーンビラ」という。このことを調べているときにあることを思い出した。そう、ネパールの登山基地ナムチェバザール（標高三六〇〇メートルの部落）のすぐ上に聳える山の名前が

「クーンビラ」なのだ。あんな山奥にも海の神さまを祀る山があるのだから、我が家の近くにあっても決しておかしくはない。

では、なぜ海の神さまかというと、どんな山奥でも必需品とされる塩を安定供給してくれる海、そして海の民を祭ったと考えられる。

実は、海から来たものは塩だけでなく、それをつくる過程で出てくるにがりもあった。家から歩いて数分のところに「十二屋」と書いて「とうふや」と読む豆腐屋兼雑貨屋があり、毎朝美味しい豆腐をつくっている。こうした豆腐屋は全国津々浦々にあるが、豆腐屋は必ずにがりを使っているのだ。

ちなみに、ここの豆腐を食べるとほかの豆腐は食べられなくなる。ときどき、スーパーの豆腐を買ってくると、子どもたちが「この豆腐は十二屋の豆腐じゃない！」と文句を言うくらいである。日にもよるが、午前中で売り切れることが多い。もう一つ付け加えておくと、近所の農家が秋に大豆を収穫して十二屋に持っていくと「豆腐券」がもらえる。これって、いま流行りの「地域通貨」かも知れない。

いまでは食塩は化学的につくられているので、生活と海とのつながりが消えてしまった。食通は海でできたこだわりの塩を使っているが、「日本たばこ（JT）」の塩は化学製品である。よく考えてみると、JTの塩はサプリメントの元祖のようなものだ。また、日本人はいま世界中の海産物を貪っているが、そうした海とのつながりは日本人の古来よりの海とのつながりとはまったく異なったものである。一昔前のように、海と密着した生活はなくなってしまったのだ。

流域を考える

里と海のつながりはこうして断絶してしまったが、最近になって、別のつながりを構築しようという動きが出てきている。第1章でお話した「庄内・土岐川森の健康診断」を契機に、上流と下流域の人的交流がはじまった。我々源流の民は、年に二回だが、藤前干潟近くまで行ってゴミ拾いをしている。また、下流域の民が源流まで来て、同じく河川清掃を手伝ってくれている。なかには、この周辺でできた「源流米」を買ってくれる下流域の人も出てきた。

こうした交流をもっともっと広げて、流域内食の循環やエネルギーの供給などを今後推進する必要があるだろう。何といっても、下流に位置する名古屋の食料自給率は悲しいほど低いのだ。自然資源のない大都市では、周辺の自然資源に依存しないかぎり生きていくことができない。残念ながら、現在は海外の自然資源に依存しているわけだが、世界的な食糧危機が間近に迫っている現在、上流部からの食の供給を真剣に考えないと下流域の都市の持続性は確保できないはずだ。

また、もし何らかの原因で円安が進行したりするとたいへんなことになる。いまの日本は、円高によって安い食料と安いエネルギーが外国から買えるからいいのだが、それも今後どうなるかは分からない。しかも、経済成長が著しい中国の食糧自給率がわずかに低下しただけで膨大な量の食糧輸入が中国においても必要となる。言うまでもなく、マーケット内では常に高値をつけたところに商品は動くことになる。日本の頼みの綱であるアメリカの食糧が、日本を通過して中国に流れてしまうということも起こり得るのだ。都会にお住まいのあなた、どうしますか？　田と畑をもっているお友達をつくっておいたほうがいいですよ！

ここでちょっと羊の話——服は自給できるか

これまで、食とエネルギーの話はそれなりにしてきたし、住生活の話も多少した。では、衣食住の「衣」は自給できるのであろうか？

悲しいかな、下手をすると私の体は上から下までユニクロに包まれてしまうことになる。そうなると、すべて中国製となる。では、原料から国産のものである衣服はあるのだろうか。おそらく、特殊な和服以外にはないだろう。綿花の畑を見たことはないし、養蚕はみんなやめてしまった。この地域でも、ほとんどの農家が養蚕をしていたし、いまでも養蚕に使う道具一式が御蔵に入っている家が多い。最盛期には、人が眠る場所もないくらいに「お蚕さま」が家を占領していたようだ。

もう一度生糸を復活させればいいかも知れないが、すでに多くの桑畑は田圃になってしまっている。食をとるか、衣をとるか、最終的には土地利用の問題に帰着することになる。これは、エネルギーも木材も同じだ。地域の衣食住＋エネルギーの年間総消費から土地利用計画をつくる、これがNPOとして我々が行おうとしている地域デザインなのだ。

さて、このような難しい話は後回しにして、ここでお話ししたいのは我が家の裏山の上にある牧場の話だ。我が家から源流伝いに登っていくと、尾根の向こう側の高原地帯には県営の東濃牧場と県畜産試験場がある。東濃牧場では、地域の酪農家で生まれた子牛を育てている。また、牛糞を乾燥させて肥料にするプラントがあり、軽トラック一杯で一五〇〇円という安さで肥料が手に入る。

たくさんの牛を飼っているわけだが、羊も少しだけ飼っている。毎年、初夏になるとその羊の毛を刈り、女房がその毛をもらってくる。そして、洗濯をするのだが、そうすると土や糞で汚れていた原毛が見違えるほどきれいになる。きれいになった原毛を草木染め（面倒だと化学染料）で染める。次に、染めあげた原毛を金属の針が無数についたカーディング器（櫛のばけもの）でカーディングする。カーディングとは、丸まった繊維を特定の方向に向ける作業である。このとき、複数の色の原毛を混ぜて自分の好きな色にすることができる。三原色の原毛があれば、絵の具を混ぜる感覚でどんな色のものでもできあがる。こうしてできた原毛を紡いでいくと毛糸ができるわけだ。

　紡ぎは結構難しい。スピードをコントロールできないと切れてしまったり、手に持った原毛の出し方がまずいとそこだけが太い糸になったりと、それなりの技術を必要とする。その昔、パキスタンの田舎道で子どもが歩きながら、歌いながら毛糸を紡いでいるのを見たことがあるが、あんな芸当は私にはできそうにない。

　糸ができれば、あとは編むなり織るなりすれば服ができる。ここに住んでいるかぎり、そして東濃牧場で羊を飼っているかぎり、何とかすれば服も自給できるかもしれない。しかし、人間が一番オートメーションでやりたかったのがこうした製糸と織りだ。昔の生活において、とくに女性の労働時間のなかで大きなウエイトを占めていたのが機織《はた》りである。まあ、好きならばやればいいが、私にも女房にもそんな根気はどうやらなさそうだ。一応我が家にも立派な機織器があるのでやろうと思えばやれるが、当分はユニクロのお世話になろうと思っている。

もう一度、流域を考える

　少々話がずれてしまったが、この章では流域についてお話ししたかった。二〇〇六年度、私たちの仲間でつくった「国土形成計画に対する地方からの提言」は、長良川を舞台にした持続可能な地域デザインに関するものだった。

流域単位でのものの考え方は第四次国土総合開発計画あたりから出ているが、持続可能社会構築のうえで、流域という「地域」の枠組に精密な意味を付与しているとはいえない。環境学者は、物質循環、生態系という視点で以前から流域の重要性を指摘してはいるが、生活に密着しないかぎりほんまもんにはならないと私は考えている。そういう視点で考えたとき、流域を結び付ける一つの鍵が流域における食とエネルギーの自給ではないかと考えている。

そして、もう一度思い起こす必要があるのは、古来より日本人は「森」を食べ、「森」で暖をとって煮炊きをしてきたということである。森が流域のスタートラインであり、その森があってこそ流域全体の生活が成り立ってきたという歴史的事実を再確認する必要がある。森林があるから雨が降る。雨が降るから川ができ、山の木や動物たちがつくり出す有機物という肥料を下流全域に行きわたらせることができるのだ。また、山から流れる無機物はやがて海にたどり着き、豊かな海の幸をもたらしてきた。

山の民は、薪や炭を下流域に運んだ。里山は、薪炭だけでなく肥料やシイタケのほだ木という資源だった。海の民は、里の民と山の民に塩を運んだ。流域は明らかに閉じられた経済圏であり、物質循環の完成された単位だったのだ。

さて、ドームの窓からはいつもながらの風景が見えている。ようやく、緑が濃くなってきた。昨夜は珍しく強い北風が吹いたが、星はとてもきれいだった。このあたりで窓から見える風景にまつわる話は終わり、外の世界に出てみることにしよう。

第6章 ドームの外に出てみれば

——グローバルに考えるとは

ドーム遠景

Google Earthで見る日本

ＮＰＯの世界にかぎらず、最近さまざまな場面で「グローバルに考えてローカルに行動する」なんていう言葉が出てくる。皆さんも、一度や二度はお聞きになったことがあるだろう。地球規模の状況を把握しながら地域で行動する、という意味のようだ。

でも、周りを見ていると、地球規模の状況しか見ていない人か、身近なこと、とくに自分のことしか考えていない人が多いようだ。前者はたいがい学者っぽい人で、頭でっかちで現場がない。現場がない人とは、地域のコミュニティとつながりのない人のことだ。そして、後者のいわゆる「自己中」は世の中に掃いて捨てるほどいる。自己保存が最大のミッションである行政の方々や企業の方々、地域のさまざまな地縁組織のリーダーたち、いまの時代、ほとんどの人間が「自己中」と言ってもいいだろう。口では「公益」を言いながら、実は自己利益や自己組織の存続をミッションとしているＮＰＯ関係者もたくさんいる。

そんなことは置いといて、最近できた画期的な「ＧＩＳ（Geographic Information System、地図情報システム）」を覗いてみよう。「Google Earth」っていうヤツだ。これは結構凄い。

最初に見たとき、子どもといっしょになってナスカの地上絵を血眼になって探してしまった。とにかく、地球上のものなら何でも見つけられる。ここらの写真の解像度はあまりよくないが、都市部だと家まで特定できるくらい解像度がいい。要するに、世界中どこでも衛星写真で見ることができるシステムなのだ。

このＧＩＳシステムを使って日本を見てみよう。そして、北半球の先進諸国を見てみよう。比較的上空から見たほうがいい。何を見るかというと、それぞれの国の色である。日本ほど緑の多い国は、先進諸国のなかではほとんどないはずだ。たいがいの国々は薄茶色に見えるのがよく分かるだろう。

我々の世代は、小学校のときから「日本は資源のない国、だから海外から資源を調達して付加価値をつけて海外に売る。これしか日本が発展する道はない！」と教わってきた。確かに、石油や鉄といったものは少ない。しかし、二一世紀に世界で一番価値が高くなるのは森林、水、農地になるかも知れない。それが自国内にあるということはとても嬉しいことだ。

こういう視点で見れば、日本は最早「資源小国」ではなく「資源大国」と言ってもいい。実はこの見方、私の発見ではなく、名古屋大学大学院環境学研究科の准教授高野さん（私のＮＰＯで顧問をやってもらっている画期的人物）の発見だ。これは、結構重大な発見だと思う。

なお、もし私の家をお探しになりたい方は、岐阜県の「ふるさと地理情報センター」という機関がつくっているGISをご覧いただきたい。このGISは県でつくったために岐阜県のデータしかないが、航空写真はきわめて鮮明で、私が住んでいるドームがしっかりと映っている。

GISでなくとも、地球儀を前にするといろいろなことが分かるものだ。たとえば、二〇世紀の世界を動かしてきた西ヨーロッパという地域が実はとても小さい地域だとか、世界の人口の半分はアジア人だとか（これは各国の人口を知っていないと分からないが）、イラクという国は四大文明の発祥地だとかなどが分かる。

さて、それでは次に、地球儀では見ることのできない情報を一応おさらいしてみようと思う。グローバルに考えるってことが一体どういうことなのか、そしてそれが持続可能社会にとってどういう意味があるのかを探ってみることにする。

食糧危機はいつ来るのか?

まず気になるのは、世界の食糧生産とその消費の動向である。とくに、日本のように食料自給率が低い国の場合はグローバルな状況がすぐ国内に影響を与える。そういえば、ここ数年物価の優等生なんていわれていた卵が値上がりした。そして、マヨネーズや小麦粉あたりも値上げしている。先日のニュースでは、鶏の飼料であるトウモロコシが二倍に跳ね上がったと言っていた。

データによると、すでに数年前に世界の一人当たりの穀物生産量は減少に向かったそうだ。人口はこれからも二〇二五年あたりに迎えるピークまでは増え続け、一〇〇億人弱までいくそうだ。ということは、いまの世界の人口七〇億人分の食糧ですら賄えない状況に少しずつなりつつあるもとで、今後四〇年余りで、一人あたりの穀物はいまのレベルの六割くらいしか生産できなくなるということを想定しておかなければならない。すでに、世界中の耕地面積はこれ以上増えないことが分かっているし、単位面積あたりの穀物生産量もピークとなっており、これ以上は不可能な状態らしい。要するに、世界の穀物生産量は、今後の人口増加にあわせて増やすことはできないということらしい。

アメリカでは、すでに二〇一五年くらいからはじまるといわれている世界的な食糧危機に対応してシーレーン防衛を強化しているらしい。前にもお話したように、世界で食糧を輸出できる国はアメリカを含めて数か国しかない。そのアメリカに食糧難民が押し寄せてくるだろうと予想して、それを水際で阻止するためにシーレーン防衛を強化しているというのだ。この話を最初に聞いたのは、財団法人エネルギー経済研究所（エネ研）の研究員からだ。いやな感じがするが、本当らしい。いま、世界は二酸化炭素の削減で大騒ぎをしているが、エネルギー危機のはるか前に食糧危機が訪れるようだ。

この食糧危機をエスカレートするのがエネルギー問題である。とくに、二〇〇七年一月にブッシュ大統領が一般教書演説でバイオエネルギー普及の促進を演説し、トウモロコシを使ってのバイオエタノール生産を推進する計画を発表した。すると、その直後にトウモロコシが急騰した。

実は、二〇〇六年の秋口から、オーストラリアの大干ばつで小麦が高騰するだろうという予測が立った。そこで、アメリカ中西部ではトウモロコシ生産から小麦生産に切り替えた農家が急増したためにトウモロコシの値段が上がった。そんな折、ブッシュ大統領の一般教書演説があってトウモロコシの値段はさらに上がったのだ。

「風が吹けば……」という諺があるが、いろいろな連鎖を経て、結果的にはトウモロコシと小麦の値段が急騰した。トウモロコシが急騰すると卵とコーン油の値が上がる。卵とコーン油の値が上がるとマヨネーズの値が上がる。なお、オーストラリアの大干ばつはどうしようもない状況で、オーストラリアから一〇〇〇万人規模の移住が進むともいわれている。行き先はアメリカだ。そんな状況なので、オーストラリアの小麦はもはや当てにならない。

グローバルな状況は結構危機的だとは思いませんか？「そんなこと言ったって、スーパー行けば食糧は溢れているし、実感湧かない!!」と思っているあなた、危機というものは来るときには一気に来ますよ！　そういえば、二〇〇七年四月に、環境省の政策提言募集でうちのＮＰＯが受賞して環境省で発表を行った。発表のあとの懇談会において環境省の大臣官房審議官という偉い人と話していたら、「今後五年以内で、食糧危機に関して国民全員が認識せざるを得ないほどの事件が起きるかも」なんて言っていた。私も、そう思う。

こうした食糧危機の予測もあわせて、二〇〇七年に入ってから国際社会は急速に動き出した感がある。ゴア（元アメリカ副大統領）の映画および書籍である『不都合な真実』、IPCC（気候変動に関する政府間パネル[1]）の第四次報告、ダボス会議[2]など、二〇〇七年一月〜五月にかけて、さまざまな国家間の利害を背景として、環境問題解決に向けて一気に国際社会が動き出した。

「不都合な真実」は山ほどある!!

ここ数年、夏が暑すぎると思っている方がたくさんいるのではないだろうか。私が子どものころは、三〇度を超えたらすごく暑いと思っていた。ところが、最近では三〇度では涼しいくらいだ。私が住んでいる恵那市から西に三〇キロメートルほど行った所に、最近、日本で一番暑いと言われている多治見市がある。観測所の百葉箱の位置に問題があるという説もあるが、三八度なんていう日もある（二〇〇七年八月、四〇・九度で記録更新！）。

（1）国連が世界の学者を招集して厳密に気候変動に関して研究していて、三つの作業部会からなる組織。

（2）年一回スイスのダボスで開かれる「世界経済フォーラム」。各国の首脳・閣僚、大企業のトップなどが参加している。

地球温暖化は徐々に進んでいるために我々が日常生活のなかで実感することはなかなかないだろうが、こんなに暑いとついそう思ってしまう。また、最近の雨の降り方も気になる。以前は、雨といえばしとしとと降るものと思っていたが、二年ほど前からはスコールのように降り、降り終わるとカラッと晴れるという熱帯地方の天気になっている。

まあ、実感できる「温暖化」はとりあえず置いておくとして、二〇〇七年は正月早々から世界で大きな動きがあったので振り返ってみよう。

まず一月に、アル・ゴアの映画『不都合な真実』が封切られた。岐阜県では、新しいショッピングモールにできたシネマコンプレックスが唯一この映画を観ることのできる場所だった。仕事柄、仕方なしに若者を誘って日曜の朝一番の上映を観た。悲しいかな、客は我々三人を含めて十数人しかいなかったので独占状態で観せてもらった。そうは思いたくないけど、これが岐阜の民度の低さかと思っている。

その後、写真がいっぱいの綺麗な、結構定価の高い本まで買ってしまった。この本は恵那市の本屋で買ったが、こちらのほうはかなり売れているみたいだった。買って早々、周辺の人に見せびらかして、「この氷河、見てみなよ！　わずか数十年でこのありさまだぜ！」なんて解説してしまった。ゴアは今後ノーベル平和賞とって、その後に大統領に立候補するとかと言われている。ブッシュじゃなくてゴアだったらよかったのになー、と思ってしまうのはきっと私だけではあるまい。

日本はやっぱりアメリカの属国だった！——ブッシュ大統領の一般教書演説

『不都合な真実』が封切られた直後、今度はブッシュ大統領の一般教書演説があった。これに関しては先にお話したが、このブッシュの演説は日本にとって絶倫の効果があった。ブッシュは、いままで不都合な真実だった地球温暖化を初めて認め、対策としてバイオエタノールの普及促進を宣言したのだ。これが、絶倫の効果だった。その後、三月に農水省に頼まれて政策提言の発表（バイオマス利用促進に関する提言）をしたとき、「バイオマス日本」（四七ページ参照）の責任者が来て国の方針を概説した。大臣官房の人だったが、わずか一〇分ほどのお話のなかに数回「ブッシュが……」という話が出た。また、ちょうどタイミングを計ったかのように、環境省が二〇五〇年に二酸化炭素（CO_2）排出量の七〇パーセント削減のモデルを発表した。以前からずっと感じていたが、「やっぱり、日本はアメリカの属国だったんだ！」と実感してしまった。

ただ、断っておくが、私はアメリカのいいところも認めている。ブッシュがアメリカのすべてではないのだ。分からず屋のブッシュとは裏腹に、州や市レベルでの温暖化対策はかなり進んでいる。ブッシュの京都議定書離脱に対抗して、アメリカのシアトル市長（ニッケルズ氏）が全米の市に呼びかけて京都議定書調印国数以上の市を集めようとしたところ、たちどころに一三一市が手を挙げた。市レベルの温暖化対策は進んでいるし、ご存知シュワちゃんのカリフォルニアでも環境対策はかなり進んでいる。これがアメリカという国だ。

また、その直後には、年一回世界のリーダーを集めて行われる「ダボス会議」でも温暖化が大きな話題となった。ダボス会議で温暖化が話題となったのは今回が初めてで、例年になく大勢のリーダーが集まった。ちなみに、二〇〇八年のダボス会議のメインテーマは「多極化する世界」だったように記憶している。

IPCCの第四次報告

さて、そういう政治的な世界での動きとは別に、IPCCの第四次レポートの先頭を切って第一作業部会から報告が出された。

第三次レポートでは、気候変動（温暖化）の原因として、人間の活動が考えられるくらいの表現だった。人間の活動とは二酸化炭素などの温室効果ガスの排出だが、実は、それ以外にも温暖化の要因はある。たとえば、太陽の黒点の活動とか、地球が太陽を回る軌道が一〇年周期で少しずつずれるとかでも気候変動は起こる。第三次レポートでは人的要素を云々するデータが一つしかなく、そのため、はっきりと人間の仕業だとは言えなかったのだ。今回の第四次レポートでは、世界の数か所のデータをもとに、人的要因で気候変動が起こった可能性がきわめて高いと初めて結論づけた。

その後続いて第二作業部会では、温暖化によって起こる穀物生産量の変動など、どのような影響があるのかといった報告があった。結論的には、地域差がかなり出るだろうという予想だった。とくにヤバイのは発展途上国で、温暖化によって南北格差が拡大して紛争が激化するという可能性がある。

さらにその後、五月のゴールデンウィークに第三作業部会の報告があった。タイのバンコクで開かれた会議は最後まで紛糾し、最終日になってようやく結論が出たようだ。すでにかなり対策を講じているヨーロッパと、今後の経済発展が確実な中国などとの対立、温暖化対策として原発推進を画策する中国、インド、そしてアメリカとヨーロッパとの対立などが紛糾の中味である。結局、中国の希望を入れて緩い二酸化炭素削減案が追加され、温暖化対策として「原発」が初めて文字に刻まれた(3)。

(3) 現在、六段階の二酸化炭素排出削減シナリオが考えられている。その内の三つが、中国の希望で入れられた緩いシナリオである。ヨーロッパ諸国は、厳しいシナリオ三種類でOKと考えていたが、中国に押された形で三種の緩いシナリオ追加を飲んだ。

IPCCは本来学者の集まりのため、各国の政策決定に用いられる客観的なデータ提供が任務だったが、今回はかなり生臭いところまで踏み込んで結論を出さざるを得なかったようだ。世界各国はすでに「ポスト京都」(京都議定書第一約束期間二〇〇八～二〇一二年ののち)を睨んで、いかに危機回避策を講じるか、そしてそのなかでいかに国際的な発言権を握るかを模索している。

可能性を危ぶむ声もあるにはあるが、たとえばデンマークは、二〇一五年までにすべての電気を自然エネルギーに転換しようとしている。風力で七〇パーセント、家畜系バイオマスで三〇パーセントがその内訳となっている。まずは、やろうと思わないとできない。もし、世の中の人の大部分が何もはじめない前から「そんなの無理!」と決め付けるタイプの人だったら、社会は何も変わらないだろう。こうなったら、一か八かやるしかない、と私は思っている。やれば何とかなるものだ……しかし、やりはじめなければ何ともならない。

さて、グローバルな問題群はほかにもさまざまあるが、これまでお話ししてきた問題群のキーワードは「人口」、「食糧」、「エネルギー」となる。この問題に派生して、エネルギー資源の利権騒動である戦争が問題になる。全部とはいわないが、いま世界で行われている戦争のほとんどはエネルギー資源に関する争いだ。だから、もしあなたが平和主義者なら、平和を唱えるだけでなく争いの原因であるエネルギー資源のぶん取り合戦に参加しないようにすべきだ。つまり、エネルギーを自給しろっていうことだ。この運動を起さないかぎり平和はあり得ないのだ。

いままでの経済は安い石油に頼ってきた。それまで一バレル二〇ドル台だった原油価格が二〇〇五年になって一気に上昇し、一バレル七〇ドル以上に高騰している。しかし、それでもまだ安い。原油価格は、実は市場原理で決定されているものではないのだ。もし、日本が石油コストを正当に支払うとすると、いまの価格に一バレルあたり一〇〇ドルを上乗せするのが正当な価格らしい。なぜかというと、中東から安全に原油を運ぶためにはアメリカの第七艦隊を中心とする軍の協力が必要となる。このお値段が高い。こういう事情があるためにイラクへの自衛隊派兵は致し方ないし、ブッシュの親父さんが起こした第一次イラク戦争のときにお支払いした国民一人あたり一万円強も致し方なかったというわけである。

さて次に、人口、食糧、エネルギーのほかにどんな問題があるのかを考えてみることにする。いやな問題としては、新たなウィルス、細菌繁殖の問題（この問題としては、エイズなどの自然破壊に起因する場合、抗生剤の過剰使用に起因するケースなどがある）、地球規模の汚染の問題（先進国はまだいいが、発展途上国、とくに中国の汚染はヤバイ）、経済のグローバル化に関わる諸問題などがある。どれをとっても、一筋縄では解決できない複雑な問題だ。こうした問題の解決はとても難しいが、問題の根本をしっかり追及することは重要だと思う。表面に露出した問題を場当たり的に解決してもきっと新しい問題が発生するだけで、結局イタチゴッコになってしまう。問題の根本に関しては、私が思い続けていることについてこの後お話ししようと思うので、興味のある方は是非とも最後までお付き合いをいただきたい。

とりあえず、こんなあたりまで考えて『世界がもし一〇〇人の村だったら』（池田香代子著、マガジンハウス、二〇〇一年）を本屋で立ち読みすれば、もうあなたは「グローバルに考える人」の仲間入りができる。すでに仲間に入っている人はいいが、でもこれだけではだめで、続きのフレーズである「ローカルに行動する」ってところがなかなか難しい。

『世界がもし100人の村だったら』

グローバルに考えてグローバルに行動するのは結構やさしい。というのも、先にも述べたように、ローカルなコミュニティと付き合ったりしなくて済むからである。それにしても、こういうタイプの人が都会のNPOにはたくさんいる。足が地についていないというか……あまりお付き合いしたくないタイプの人たちだ。頭でっかちで、口だけの奴らが世の中を動かせるはずがない！　しかし、こんなタイプの人にかぎって結構マスコミ受けしたりしており、悲しいかぎりである。よく考えたら、マスメディア界に棲息する多くの方々は職業柄地に足がついているわけがないか。まあ、しょうがないということにして、ローカルな問題を一通り眺めることにしたい。

ローカルに行動するとは

ローカルな問題は、グローバルな問題と直結した問題もあるが異質な問題もある。食糧、エネルギーあたりは直結した問題であるが、人口問題は状況が逆となる。グローバルには人口爆発が問題だが、日本で問題となっているのは人口減少、少子高齢化だ。また、日本特有というか、一部先進国にも見られる財政破綻という問題がある。いくたびか話題に挙げた夕張市ではないが、全国の自治体の多くは死に体となっている。これ、一体どうすりゃいいんだ！　そこで登場するのがNPOだ。

NPO法（特定非営利活動促進法）が一九九八年に施行されてからまだ数年だが、全国のNPO法人数はすでに三万数千法人に上る。NPO法人と比較的類似するといわれている社団法人の数は、法が施行されて一〇〇年以上が経ったが、いまだに一万三〇〇〇法人強でしかない。いかに国民がこの法律を求めてきたかが分かるというものだ。とはいえ、田舎に行くとNPOとPLO（パレスチナ解放戦線）の違いが分からない人もいまだにいるという現実もある。

私は、NPOに結構初期から関わっているので第一世代に属するのだろう。この第一世代のN

POの人たちはミッションが強い。ミッションとは社会的使命のことで、「ミッション　インポシブル」な場合が多い。しかし、「ミッションは高いほどいい」なんて考えているためになかなか実現されないケースが多いし、そもそも本質的に実現不可能なミッションを掲げているNPOもある。

たとえば、「市民社会の実現」とかいうミッションである。こういうの見ると、「うーーん」と唸ってしまう。私もいくつかのNPOをやっているが、そのなかでメインとなっているNPOの「地球の未来」のミッションは「持続可能社会構築のための研究と実践」だ。私に言わせれば、すべてのNPOの共通のミッションが「持続可能社会構築のための研究と実践」でなければならないと思っている。

さて、ではなぜこんなにNPOが増え、何だかんだと社会に期待されているのだろうか。これを、正確に理解している人は少ないようだ。とくに、地域の止むに止まれぬ問題を解決しようとNPOをつくった人たちは「グローバルに考える」暇なんかない。とにかく、問題を解決しようと必至だ。では、なぜ必死に解決しなければならない問題があるのか、ここが問題である。

NPOが行う活動内容は法律で規定されているが（特定非営利活動といわれている一七項目）、そのすべてが公共サービスといっていい。こうした公共サービス、いままでは主に行政と一部の営利企業が担ってきたが、この二つのセクターだけでは解決できない問題が発生しているのだ。

行政の行動原理は「公平性」と「平等性」である。そして、企業の行動原理はいうまでもなく「営利」である。いま、社会に発生している問題の多くはこうした行動原理だけでは解決できない問題が多い。

たとえば、独居老人への給食宅配を考えてみよう。都市部では、ずいぶん前から食材のデリバリーや弁当配達がビジネスになっている。ある調査会社が調べたところによると、もしこのサービスを行政がやったら一食二五〇〇円、企業がやったら一五〇〇円になるという。「じゃあ、企業がやればいいじゃない」と考えるのはお金持ちの人だ。その代わり、「美味くなきゃいかん」なんて言うかも知れない。しかし、細々と国民年金だけで暮らしている老人にとって一食一五〇〇円は高すぎる値段である。

では、NPOだといくらになるかというと、おおよそ五〇〇円くらいである。なぜそんなに安いかというと、人件費を「〇《ゼロ》」にしているからだ。行政が補助すれば若干の人件費を出すことができるが、スズメの涙程度しかない。

田舎に行くと、「ボランティアだから人件費は受け取れない」なんて言う人が多い。また、行政がもし補助を出すにしても、一地域だけに補助をするわけにはいかないから補助も出しにくい。当然だが、田舎では人口密度が低いし、そもそも過疎化していて人の絶対数が少ないために企業が参入することはあり得ない。ゆえに、こうしたNPOはいまのところ地域の善意ある人たちによって支えられている。しかし、善意だけで支えるには限界がある。いつだったか、郡部の独居老人に食事を宅配するNPOにお邪魔をして相談に乗ったことがある。ここも、一食五〇〇円で宅配をしていた。

「材料費はだいたいいくらですか？　普通の飲食業の場合は、たいがい材料費と人件費が三分の一ずつ、あとは諸経費と利益っていう内訳なんだけど……」と尋ねたところ、「うちは、とにかく美味しいものを食べてもらいたいから、材料に糸目はつけないの」ときた。ちょうど昼時にお邪魔したが、そのときにご馳走になったお弁当は確かに美味しかった。

「でも、このままだと息切れしませんか？　もし、あなたたちが疲れ果ててこの事業をやめたら、困るのはいままで食事の宅配を楽しみにしていたお年寄りでしょ？」

「それはそうかも。でも、どうしたらいいの？」

「まずは、ある程度経費の予算を組むこと。そして、できれば市の補助をもらうこと。独居老人の安否確認とか防災とかで、市は必ず予算をもっているから……」

確かに、善意だけでなく、経営感覚をもっていないとNPOはやっていけない。この経営感覚というヤツが、日本の多くのNPOには不足しがちな点なのだ。そういえば、かのドラッガーさんによれば、非営利組織の経営は営利組織の経営よりはるかに難しいそうだ。アメリカでは、営利組織で成功した人が新たなる挑戦として非営利組織の経営を行うらしく、日本とまるで逆である。日本でNPOを立ち上げる人の多くが経営にはまったく無頓着な人たちだ。ここを何とか改善しないと、NPO業界全体が持続不能になってしまう。長らく活動をしている人たちの多くが、すでに「擦り切れている」状態となっている。

いずれにせよ、この手の問題解決ができるのはNPO以外には考えられない。高齢者福祉にかぎらず、子育て支援、不登校児の支援、子どもの安全、特定疾患に対する援助、障害者支援、野生生物の保護、耕作放棄地の解消、森林保全と利活用、不要品リサイクル、生ゴミリサイクル、災害対策、外国人増加に伴う異文化共生支援、失業者のマッチング、フリーターの正規職員化……挙げたらきりがないほどである。

こうした問題は、地域にいくらでも転がっている。そして、こうした問題の解決は行政の役目と思っている人がいまでも多い。だから行政の仕事が増えるわけだが、一般的に行政の仕事は非効率きわまりないために巨額の借金が生まれることになる。営利でできるところはやり、できないところは非営利でやるしかないわけだからNPOが必要になる。

では、行政がやるのとNPOがやるのとではどこが違うのだろうか。単に金額が安いだけかというと、そうではない。行政のサービスは、その性質上誰も評価しないのだ。評価がないため、たとえ利用者がほとんどいなくても議会で予算化されれば未来永劫その事業は残ってしまうことになる。議会で決算報告はあるものの、これはとても評価とは言えるものではない。

これと違って、市場原理に基づくサービスは市場そのものに評価が含まれるために不要なサービスは消えてなくなることになる。つまり、いらないサービスを提供している業者はすぐ潰れるわけだ。しかし、行政は、いくら不要なサービスを提供しても潰れることはないと高をくくっていたのだ。夕張市のニュースがあれだけ報道されたために危機感のない職員はいないかも知れないが、議会の先生たちのなかにはまったく理解していない人もいまだに多い。

NPOは、公共サービスを担うという点では行政と同じで、市場原理に曝されているという点では民間の営利組織と同じだ。したがって、もともと評価が含まれる市場原理のなかで公共サービスを提供していることになる。もちろん、分野によっては市場原理のなかではないものもあるが、自助努力がなければやはり潰れてしまう。そういう点では、あくまでも民間組織である。

財政破綻と「新たな公」

国土交通省などの多くの省庁と自治体が推進している「新たな公」とは、NPOのことだ。もう行政ではお手上げなので、できるかぎり民間の非営利セクターに公共サービスをお願いしようという考え方だ。たいへん結構な話だが、「はい、はい」と簡単に従うわけにはいかない。多くのNPO従事者は、最低賃金すらもらえずに頑張っている。最低賃金が払えない場合は雇用契約が結べないので、ボランティアとしての「謝金」をわたすことになる。謝金ならば、たとえ一時間あたり一〇〇円でもよいからだ。

行政マンの平均年収から割り出せば、行政マンの平均コストは時給約四〇〇〇円となる。それに比べて、「新たな公」の担い手であるＮＰＯ従事者の平均コストは悲しくてお話できない程度である。これを何とかしないかぎり、「新たな公」は絵に描いた餅となってしまう。また、行政がＮＰＯに事業委託をする際の人件費は、多くの場合「日々雇用」（日雇い）の金額しか付けない。つまり、自分たちが直接やったらどれだけの金額がかかるかという発想がまったくないのだ。ＮＰＯにやらせて安上がりにしたい、単にコストを押さえたいという発想しかないのだ。

二〇〇五年、埼玉県志木市の元市長である穂坂邦夫氏が『市町村崩壊――破壊と再生のシナリオ』（ＳＰＩＣＥ）という本を著した。穂坂氏が市長時代にやろうとしたことはかなり過激なものだった。市の事業の九〇パーセントをＮＰＯに、そして九〇パーセントの職員を減らすという画期的な計画をつくったのだ。ただ、ＮＰＯの人件費は一律時給七〇〇円としていた。これがなぜかがまったく分からなかった。そんなに安い人件費でいいのか、と長い間思っていたが、あるときに気付いた。もし、この金額が正当なものだとしたら、そもそも市役所の仕事はその程度のものだということになる。「なるほど！」と思ったが、いまだに完全にしっくりきているわけではない。

また、郡部に行けば行くほど地域のＧＤＰに含まれる公金（税金）・準公金（社会保険その他）の比率が高まる。財政危機を回避するために人件費を削減したり人減らしをすることは必要だが、やり過ぎると地域経済自体が疲弊してしまうことになる。何だかんだいっても、ちゃんと給料を貰う人が地域にいるということ自体が大切なことなのだ。平均年収七〇〇万円の人が地域にいるだけで、おそらく五〇〇万円は消費してくれる。仮に、その人がいなくなると地域での消費は明らかに五〇〇万円は減ってしまうのだ。

ただ、だから人を減らす必要はないとは言えない。次善の策として考えられるのは、年収七〇〇万円の仕事を三人でワークシェアするという方法が考えられる。年収二三〇万円の人を三人つくればサービスの質は格段に上がるのではないだろうか。しかも、地域での消費はおそらく下がらない。とくに、パートしか働き口のない、子育てが終わった高学歴の優秀な主婦だったら年収二三〇万円でも喜んで働いてくれるだろう。さらに、それをＮＰＯでやれば、行政だけでないさまざまなセクターの援助が得られてさらにサービスの質は向上するはずだ。

ＥＵに学ぶ統治システム

いま述べたように、ＮＰＯが活躍すれば自治体の財政破綻は何とか食い止められるかもしれないが、「新たな公」による公共サービスの資金に関してはいまだ不明確な部分が残る。この不明確な部分は、実は税制にあると私は考えている。いまの日本の税制は、簡単にいうと国が四割強（国税）、地方が五割強（地方税）となっており、国に吸い上げられた税を地方交付税交付金や国庫補助という形で地方に流すシステムとなっている。お金というものは、経路が長ければ長いほど「目減り」をしていく。目減りさせないためには、末端のいわゆる基礎的自治体が最大の徴税権を握る仕組みに変えなければならない。これは、「三位一体改革」のような「猫だまし」ではできない。可能性があるとすると道州制に移行したときであろう。道州に国レベルの大きな権限をもたせ、国はできるかぎり権限を縮小することが肝要だ。道州制に移行したあとの国の仕事といえば、外交と防衛、それに通貨の管理くらいで充分だろう。

よく、ＮＰＯ業界の方々がドイツのことを例に挙げて、「ドイツのエネルギー施策は素晴らしい」とか、「ドイツのＮＰＯの資金調達システムは素晴らしい」とかと言ってドイツを讃辞する。しかし、まずはドイツの地図を見て欲しい。旧西ドイツの首都だったボンを探すのに一苦労するほど小さい都市である。ドイツという国は、もともと連邦制をとっている国である。ビールを例にすれば、日本のキリン、サッポロ、アサヒというような巨大ビールメーカーはなく、すべて地ビールにおいてビール業界が成り立っている。まずは、そういう社会にしないといけない。先にもお話ししたように、早々に中央集権をやめないとだめだと私は考えている。霞ヶ関の皆さん、

できますか⁇

そのような点でEUを眺めると、ヨーロッパ人の智恵がよく分かってくる。EUは、言ってみれば国ではないが国のようなもので、何といっても国の固有の機能だと思われる通貨の管理をまずやった。そして、防衛に関しては昔から「NATO（北大西洋条約機構）」がある。現在は、憲法つくろうと思って四苦八苦しているようだが、これで憲法までつくったらほぼ国家といえる。「これって、未来の国家の形態ではないのか？」と思ってしまうのは私だけだろうか。ヨーロッパは、EUができてからというもの逆に地域主義が強くなっているわけだが、ここらあたりのバランス感覚はさすがだと思う。また、いまのところ選挙で選ばれたリーダーがいるわけではないが、もしEUという国家に選挙で選ばれた元首が登場すれば、国家の権力は必要以上に増大するだろう。私は、道州制以降の日本のお手本がEUだと常々思っている。

振り返って恵那を眺めると、地域に醤油、味噌をつくるところがあり、米や野菜も自給可能な、コンパクトな地域である。日本の郡部は、おおむねこうした自給可能なコンパクトな地域である。そして、もう少しパースペクティブの視点を上げて、岐阜県あるいは東海三県まで拡げれば道州制が実態として見えてくる。三県合わせれば人口はほぼ一〇〇〇万人で、さらに北陸三県を合わせれば人口一七〇〇万人となり、グローバルに考えれば堂々とした国といえる。長期的に持続可能かどうかは不明だが、とりあえず工場出荷額ナンバーワンの愛知県があり、そこにはトヨタがある。市町村合併以後、県のレゾンデートル（存在価値）は低くなる一方だし、ここらあたりで速やかに道州に移行したほうが絶対によい。「東海州」か「中部州」かは分からないが、結構いい行政単位になるのではと考えている。

都会人には考えられない「持続可能社会」

　さて、もし道州制に移行したとすると、この地域は名古屋という厄介な大都市をどうするかが問題となってくる。つまり、岐阜県や三重県が名古屋に（トヨタ？）面倒を見てもらおうと考えるのはいささか早計である。理由は、名古屋には持続可能社会に必要とされる自然資源がないのだ。食にしろ、エネルギーにしろ、自給可能とは言いがたい状態であるため、周辺の地域が補完する必要がある。

　私は、都会のＮＰＯがどうも苦手だ。ＮＰＯの究極の共通ミッションは「持続可能社会の構築」だという話を先にしたが、都会のＮＰＯには口で言うほど持続可能社会のイメージはない。というのも、そもそも自分の住んでいる地域が持続可能社会になるとは考えていないからだ（どう考えたって、自然資源がないんだから無理だ）。

　また、環境教育のプログラムにしたところでけったいなものしか考えていない。田舎の人が聞いたら腹を抱えそうなことをまじめになって考えて、実行しようとしている。たとえば、田舎に行って田舎っぽい生活を体験をする。イモを掘って食べるのはまだいいが、料理の仕方を知らない。お湯を沸かして細かく切って茹でてしまう。戦争中の芋粥体験ならいざ知らず、「イモは焼かないと美味しくないよ！」と言いたいのをぐっとこらえて横で見ている。

また、薪割り体験では本当に涙が出る。薪割り講習会に出たとかいうお姉さんが見本を見せるが、これがなかなか割れない。傍らで観察していると、「駒宮さん、できるんじゃないの？やってご覧よ！」ときたので仕方なくやってみせる。申し訳ないけど、こっちは冬になると薪ストーブを炊いてるおじさんだ。「そんなのできるに決まってるだろ！」と言いたいところをまたもやじっとこらえて薪を割る。すると、「凄いねー！うまいねー！」とくる。「冗談じゃないぜ！俺なんかまだ下手なほうだ。恵那に行ったらもっとうまいやつらがいくらでもいるぞ！こんな恥ずかしいことやって、これが環境教育ってやつかね⁉」と言いたいところだが、その言葉を飲み込む。「もう一度やってみて！」なんて言われても、もうやる気がしないし、恥ずかしくてできやしない。この気持ち、都会の人に分かる⁉

いまや、都会の生活はあまりにも自然から離れてしまった。昔は誰でもできたことが都会人にはできなくなっている。バーベキューの火を起こす講習会にオヤジどもが参加する始末だ。そういう人たちが、持続可能社会を何度もさまざまなところで唱える。まるで呪文のように……。だから、私は都会のＮＰＯが苦手なのだ。

とはいえ、都会のＮＰＯにも地に足の付いた人たちがいる。自分の住んでいる地域のコミュニティにどっぷり浸かっている人たちだ。特定のテーマをもち、明確な目的意識をもって行動している人たちだ。このタイプのＮＰＯの方々は、目の前の問題を解決していっているためにすっきりしていて理解しやすい。しかし、とくに環境系のＮＰＯの場合は、本当に持続可能社会をめざしているかどうかは不明だ。

もちろん、自分の欺瞞性を理解している人たちもいる。そういう人たちは、休日になると郊外の畑に行ったりして、すでに都会を捨てて田舎で農業をはじめた過激派と友達になって入り浸っている。ただ、この程度ではまだまだマスタベーションでしかない。私もこうした期間を二年間過ごしたが、ここからが問題である。多くの人たちはこの状態を続け、よほど無鉄砲なヤツだけが本当に田舎暮らしに移行する。私の大学時代の後輩で、ゼネコン時代のネパール勤務がきっかけで埼玉の専業農家になったヤツがいるが、こういう人間はまだまだ珍しい。いまでは知る人ぞ知る有名人、カリスマ的な存在になっているようだが、私の場合はとても怖くて専業農家にはなれなかった。彼の勇気と無謀さは、尊敬に値する。

いずれにせよ、都会には自然資源がないので都会単体では持続不能といえる。屋上に農園を造ろうが、ネコの額みたいな土地で百姓ごっこをやろうが、不可能である。都会の方々は、まずこのことを充分に理解する必要があると私は思っている。都会の持続可能性は、都会単体では持続不能なことを理解することからはじまるといえる。都会の持続可能性は、自然資源をもつ郡部といかに相互補完性を構築するかにかかっている。そして、都市は郡部にない何かを補完する。たとえば、高度な医療や高等教育、そして高度な技術が集積した産業などである。しかし、インターネットがこれだけ普及すると都市のレゾンデートルが薄れる一方であるということも頭に入れておかなければならない。

都会のあなた、都会にいてもいいことないですよ。田舎に来ませんか?

できるだけ小さな地域で考える

第2章の最後にお話したように、持続可能社会はできるかぎり小地域から考えることが必要である。輸送エネルギーを最小限にとどめるといったエネルギー効率などの物質的要因からもいえるのだが、重要なのは、人間がコントロールできる自然の範囲が狭いということだ。

ここ数年、持続可能社会の構築をメインテーマとしているNPOにおいては、地域社会の再構築がクローズアップされている。地域でどこまでできるかを考えることが、持続可能社会を構築するうえでとても重要な要素だという認識が固まってきたようだ。

ここで問題になるのが「地域」という曖昧な言葉だ。ある人は「小学校区」を地域と考え、ある人は「流域」を地域と考える。いくら話し合っても、またワークショップをやってもなかなか結論が出ない。そこで、ない頭を振り絞って考えた結論は次の通りである。

初めに地域ありき、という考えが間違っていた。地域は、あくまでも問題解決のための地理的な範囲にすぎない。地域が先ではなく、「問題」が先行しなければならないということである。

たとえば、高齢者福祉は小学校区くらいで解決するのがいいだろう。数年前になるが、恵那市周辺の調査において地域のご老人に、「おじいちゃん、もし足腰が立たなくなったら誰に面倒見てもらいたい？」という質問をしたところ、多くの方々が「隣の嫁がええ！」と答えたそうだ。うちの嫁ではなく隣の嫁なのだ。もちろん、顔見知りには面倒を見てほしくないというご老人も多いと思う。しかし、他人でいて他人でない地域コミュニティの見知った顔の人はさまざまな点で安心感がある。現実的なデータを見ても、宅老所に通う多くの老人は地域の人たちだ。高齢者介護は、小学校区くらいの広さ、顔を見知った間柄のなかでのサービスが一番適しているといえる。

では、上水道というサービスはどうだろうか。こうなると、流域単位で考えざるを得なくなる。安全で美味しい水の供給は、公共サービスのなかでももっとも重要なサービスであり、ライフラインのなかでもその重要度はきわめて高い。もちろん、山際に住んでいるために山水が確保できるところもあるだろう。こういうかぎられた地域は、地域内で水が供給できる理想的な環境となるが、多くの世帯では水道が必要になる。そして、良質な水は流域単位で考える必要がある。

このように、地域が事の初めにあるのではなく、問題が先行し、その問題解決のために地域が設定されるのではなかろうか。そして、問題解決のための地域のエリアは、できるかぎり狭いほうがいいだろう。

すべてにおいて地産地消

持続可能社会の基本は、極論すれば、すべてのものを地産地消することである。地産地消というと食をまず思い浮かべる人が多いが、食にかぎらずエネルギーも、そしてマンパワーも地産地消する。さらに、公共サービスも地産地消するとなると、税も地産地消をしなければならなくなる。もちろん、完全に地産地消することに固執する必要はないし、またもし余剰が出るようであれば地域外に供給をする。

「江戸時代に戻るつもりか！」という皆さんの声が聞こえてきそうだが、それは無理だし、時間の矢は不可逆だ。でも、日本ほど地域の特徴がなくなってしまった国もあまりない。何度も言うように、これは強すぎる中央集権のせいだ。江戸時代に戻れないとしても、江戸時代の良かったところは再認識したいと私は思っている。

『逝きし世の面影』（渡辺京二著、葦書房、一九九八年）という本がある。この本を読んだ人は、自ら話すその端々に引用が出てくるからすぐに分かる。「渡辺京二、お読みになりました？」と聞けば、「あなたも読みましたか！」と返ってくるのですぐにお友達になれること請け合いだ。まだお読みになっていないあなたのために、少しだけ解説しよう。

この本は、江戸末期から明治初期にかけて日本に来た欧米人たちが残した手記を集めたものだ。この本に登場する欧米人の多くは、当時の日本政府が招いたエリートたちだ。この人たちの任務は日本に近代のシステムを教えることだったが、早い人で数か月、よほど頭の固い保守的な人でも二年くらいで当時の日本の文化が近代ヨーロッパの先進文化に勝ってるということに気づいてしまう、というストーリーになっている。

江戸城に入場したペリー一行がまず驚いたのは、江戸の町のイメージだった。当時、世界最大級の都市であった江戸がどこだか分からない。「よく考えたら、江戸全体が自然公園だった」なんていう記述がある。それほど、江戸の町は整備されて

『逝きし世の面影』の扉

いたらしい。とくに、農地が整備されていたようだ。農地が整備されていたということは、地域の自然資源を徹底的に活用していたということである。

また、初めて将軍慶喜に会ったとき、将軍の服が自分の服より粗末だし、お城の大広間に何も調度品や装飾品がないことにも驚いている。なんて貧しい国なんだと思うが、この国を経験していく過程で日本人の高度な美的感覚を理解するようになっていく。部屋を飾るものといえば床の間の一輪挿しと掛け軸のみだが、欧米の教養あるエリートにとっては、この美的感覚を理解することはそれほど難しくはなかったようだ。現に、「なんて我々の文化は浅薄なんだろう」と多くの欧米人が感じてしまった。「どうだ、見ろ！」と言わんばかりに、欧米では部屋をさまざまな装飾品や絵画で飾り立てている。季節にあったもの以外はすべて蔵にしまってある日本とはまったく逆なのだ。

こうした外国人たちは日本全国を旅した。そして、どんな地域に行っても、考えられないほど礼儀正しい庶民といつも喜んでいる農民を見ることになる。「世界中どこにも、笑っている農民を見たことがない、笑っている農民を見たのは日本が初めてだ」というくだりすらある。士農工商という制度のなかの農民と、ヨーロッパの農奴はやはり違うようだ。

そのほか、種売りの娘が描いている種の紙袋の絵に感心したり、櫛職人に感心したり、江戸の庶民の家財道具があまりにも少ないのに感心したり、江戸の華である火事のあとの復興の俊敏さに感心したりと、みなさまざまな文化に感心して帰っていく。よほど保守的な人でも、最後には「参りました！」と言って帰っていったのだ。

こうした江戸を、現代の日本人は「前近代」と勘違いした。江戸は、あらゆる面で世界の最先端をいっていたのだ。唯一欠けていたのが、近代的な意味における物質力だった……。

しかし、私は江戸時代に戻る気はない。ただ、江戸に学ぶべきところはたくさんあると思っている。まだ読んでない人、『逝きし世の面影』を読んでみてください。きっと、あなたも江戸の語り部になることでしょう。

金融資産の地域循環

そろそろ、「田舎ならば」食やエネルギーは何とかなりそうな予感が皆さんもしてきたと思う。ちょっと、持続可能社会に近づいた感じがするのではないだろうか。しかし、田舎は所詮都市で生まれた税を食いつぶす極道息子みたいなものだ、とお考えの都市の方々も多いだろう。私もかつてはそう思っていたが、ようやくそうでないことが少しずつだが分かってきた。これからお話しするのは、地域のおける金融資産のことだ。

多くの地方銀行は、資産運用に関して県内、県外の比率を公表している。地域で預けられたお金がどこで運用されているのかという比率だ。悲しいかな、岐阜県の某銀行の場合は、集められたお金の大部分が東京都と愛知県に流れている。県内には、投資に値する企業がないということだ。こうしたお金の流れは、銀行だけではなく郵便局だってJAだって同じである。財政投融資につぎ込まれて赤字だらけの特殊法人に流れたり、村上ファンドに流れたりしているのだ。よって、地域に還元されることはあまりなく、あっても住宅ローン、マイカーローンくらいである。こんな状況を、お金を預けている当の本人はまったく知らないし、関心がない。関心があるのは利率だけだが、その利率たるやゴミのレベルである。

結論的には、地域の金融資産がないわけではないということが分かる。こうした地域の金融資産を地域のために投資すれば、たとえばエネルギー自給のために投資すれば地域での金融資産の循環が起こることになる。お金が循環すればするほど、地域経済は活性化することになる。こうした目的をもって新たなタイプの銀行、つまり「市民金融」をつくろうという動きも少しずつだが出ている(4)。まだまだ潤沢といえるほどの資金は集まっていないが、成功事例が出るに従って信頼性を増していくに違いない。現在の市民金融の場合、まだまだ信用をして預けるというよりは投資に近い感覚でお金を出している人が多いと思う。それでも、自分の出したお金が目に見える範囲で有効に使われていることが分かるシステムなので納得はできるだろう。

また、秋田県の職員が言っていたことが正しいとすれば、田舎に暮らせるのは役人と先生ということになる。もしそうだとしたら、この人たちの金融資産は結構あるし、六本木ヒルズにお住まいの方ほどではないが小金を持っている人が田舎にもたくさんいる。そして、そうした人たちの資産の大部分が都会で使われているのだ。私は幸いにもお金を持っていないが、私が所属する自治会や生産森林組合などのように小金を持っている団体はたくさんある。こういった金融資産も、結局は都会で使われている。したがって、都会からお金が流れてくるだけでは決してない。そもそも、自治体にくる地方交付税交付金だって本はといえば国税で、その国税は地方から吸い上げたお金である。とくに、消費税に関しては大きな地域差はない。

ここまで考えると、では一体、恵那市内でどれだけの税金が生まれているのかという疑問が湧いてくる。国税、県税、そして市町村税という税のすべてを地域でどれだけ支払っているのだろうか。残念ながら、正確なデータはつかめなかった。でも、概算的なシミュレーションはしてみた。

（4）「市民の非営利バンク」、「コミュニティバンク」とも呼ばれる。一九八九年に設立された「市民バンク」（東京）を皮切りに、「未来バンク事業組合」（一九九四年、東京）、「女性・市民信用組合設立準備会」（一九九八年、神奈川）、「北海道NPOバンク」（二〇〇二年、北海道）、「NPO夢バンク」（二〇〇三年、長野）、「東京コミュニティパワーバンク」（二〇〇三年、東京）など、全国に続々と開設されている。東海地方では、「市民ユースバンクモモ」が、若者の手で名古屋に開設された（二〇〇六年）。

図13　国、県の業務をどこまで負担できるか

平成13年度決算を基礎とする。国の歳出は平成13年度補正後予算額。他に案分比率の内、市町村民総生産はH12年度の数値を用いた。

	新恵那市	県	国	合計
人件費	6,024,791	6,778,296	1,792,901	14,595,988
公債費	3,634,310	2,045,903	6,630,946	12,311,159
公共事業費	9,840,522	7,393,344	4,033,234	21,267,100
その他	11,952,022	3,083,187	7,873,445	22,908,654
合計	31,451,645	19,300,730	20,330,526	71,082,901
市税	6,446,672	8,761,934	22,812,909	38,021,515
市債	4,196,540	3,193,466	6,630,946	14,020,952
その他	4,436,463	420,564	2,970,867	7,827,894
合計	15,079,675	12,375,964	32,414,722	59,870,361

	負担	受益
市税	6,446,672	
県税	8,761,934	
国税	22,812,909	
市歳入その他	4,436,463	
県歳入その他	420,564	
国歳入その他	2,970,867	
市債	4,196,540	
県債	3,193,466	
国債	6,630,946	
市人件費		6,024,791
県人件費		6,778,296
国人件費		1,792,901
市公共事業費		9,840,522
県公共事業費		7,393,344
国公共事業費		4,033,234
市その他		11,952,022
県その他		3,083,187
国その他		7,873,445
市公債費		3,634,310
県公債費		2,045,903
国公債費		6,630,946
財政調整機能	11,212,540	
合計	71,082,901	71,082,901

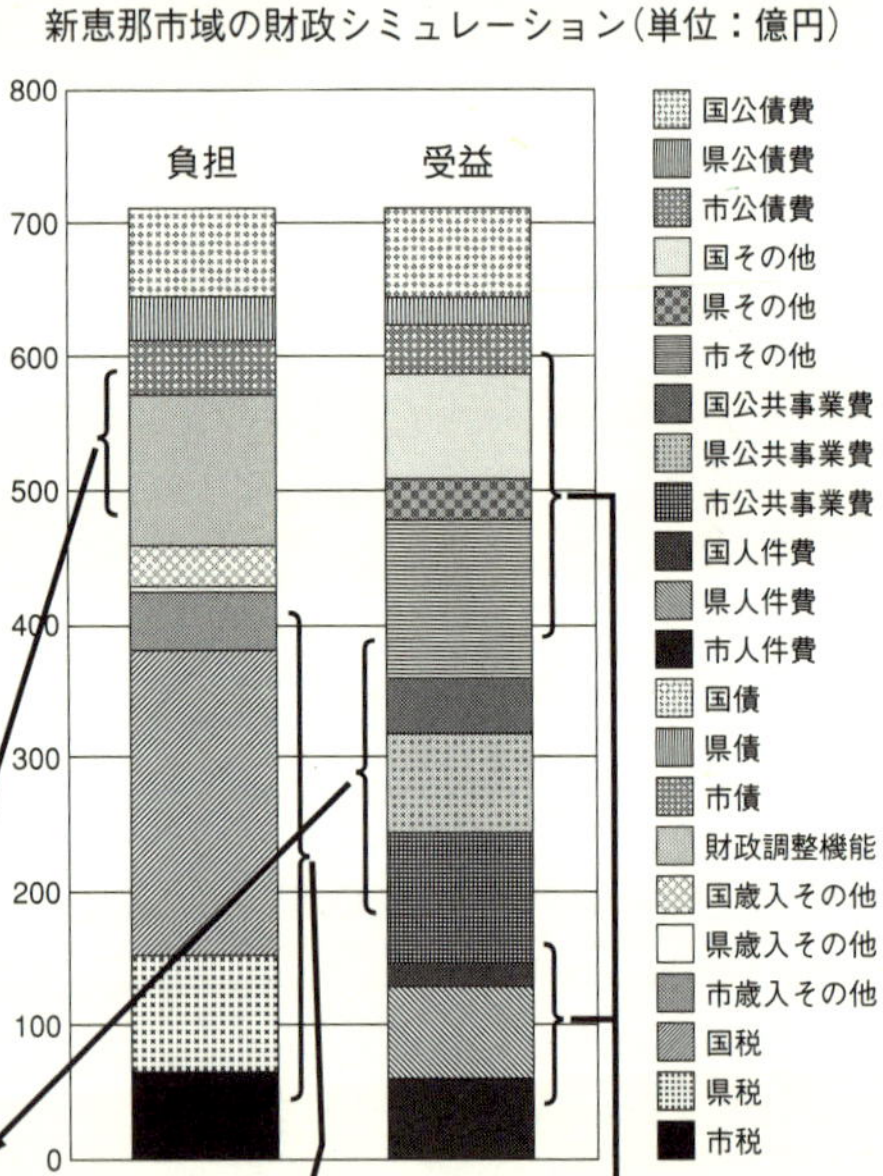

現状では、都市からの補填部分

↓

今後は、水源税、CO2固定税、治水税等の名目で、目的税として都市が負担

現状では、いわゆる公共事業部分

↓

今後は、都市住民も納得する、森林を中心とした自然資源保全等の公共事業へ転換

↓

バイオマスエネルギー産業、バイオマス化学産業等々、21世紀型再生可能資源利活用産業が地域に花開く。

新たな公共サービスの担い手であるNPOの積極的進出により、経費を削減しつつ、質の高いサービスを確保。

地方への財源移譲により仕切りが変わる。それに伴い、地方の独立性が増す。

（筆者作成）

こうした考え方で分かることは、地域での負担と受益がどれだけかということだ。本当の意味で、地域で生まれた税がいくらで、使った税がいくらかということだ。そもそも、税の半分近くを国に取られているのだから「三割自治」なんてよく言うよ、と言いたくなる。その気持ちを抑えてシミュレーションをしてみた。

結果は、やはり多少だが、地域で発生した税よりも多くの税を地域で使っていた。でも、間違っても「三割」なんていうことはない。八割方は地域で発生した税で賄うことができるので、いまの予算の八割で自治体を経営するか、二割の都市由来の税をこじつけて正当化すればよい。私は、後者を選ぶことにする。水源税、治山治水税、二酸化炭素固定税……などにして、河口付近の名古屋などから税を徴収できれば田舎は都会のお荷物という発想は消える。すでに、水源税を制度化している流域もある。(5) これは、決してこじつけではない、正統な理由のある目的税である。下流域の都会に住む皆さん、もしお支払いのない場合は川の水がどうなっても知りませんよ!!

（5）すでに実施しているものでは、高知県の「森林環境税」や神奈川県の「かながわ水源環境保全税」などがある。そのほかにも、全国の多くの都道府県や市町村で検討されている。

第7章 持続可能な地域の青写真の描き方

田圃のヒエとり

戦略的に地域デザインを考える

さて、この章では、一応我々の研究成果を資料として付け加えておこう。ここまでお読みいただき、「よし、何とか自分の地域を持続可能にしてみよう」と思われた方は、ぜひとも参考にしていただきたい。ただし、世の大多数の人たちは、あなたのアイデアを聞いて一応は納得しても、そのアイデアがいかに困難であるかという論点をさまざまな方面から提供してくることでしょう。それでも、めげてはなりません。もし可能であれば、愛情を込めて次のように言ってください。「いかに困難かを考えるのではなく、いかにしたら可能になるかをいっしょに検討しましょう！」

この言葉を聞いてもまったくダメな相手なら、胸倉をつかんで殴ってやってもいいでしょう。どうされるかは、あなたにお任せします。

地域の持続可能性を考えるうえで、最低限必要とするシミュレーションと調査がある。気持ちや思いを形にするためには、それなりの戦略性が必要と私は考えている。以下で、順を追って説明していきたい。最低限といえども結構あるので、心してお読みいただきたい。

人口シミュレーション

国立社会保障人口問題研究所のホームページをご覧になると、全国の市町村別の人口シミュレーションができる。ぜひ、あなたの町の人口をシミュレートして欲しい。経済予測などのようにあまり当てにならないシミュレーションと違い、今後極端な転入転出がないかぎり五〇年先までほぼ完全に当たるのがこの人口シミュレーションである（ここが恐ろしいところでもある）。このシミュレーション結果により、高齢者福祉にかかる長期的なコストの予測、小中学校の児童生徒数の予測に伴う統廃合の必要性、人口減少に伴う税収の減少など、地域の公共サービスの質と量を決定するための基本的データとして使える。ただし、できれば自治体単位ではなく、本文のなかでお話したような小コミュニティからシミュレートすると現実感があって分かりやすい。

食の自給率シミュレーション

食の自給率シミュレーションは、農水省のホームページにある「わがマチ、わがムラ」というサイトを見て欲しい。これには、全国の市町村別に農地の面積や、何をどれだけつくっているか

図14　長良川流域の米自給率

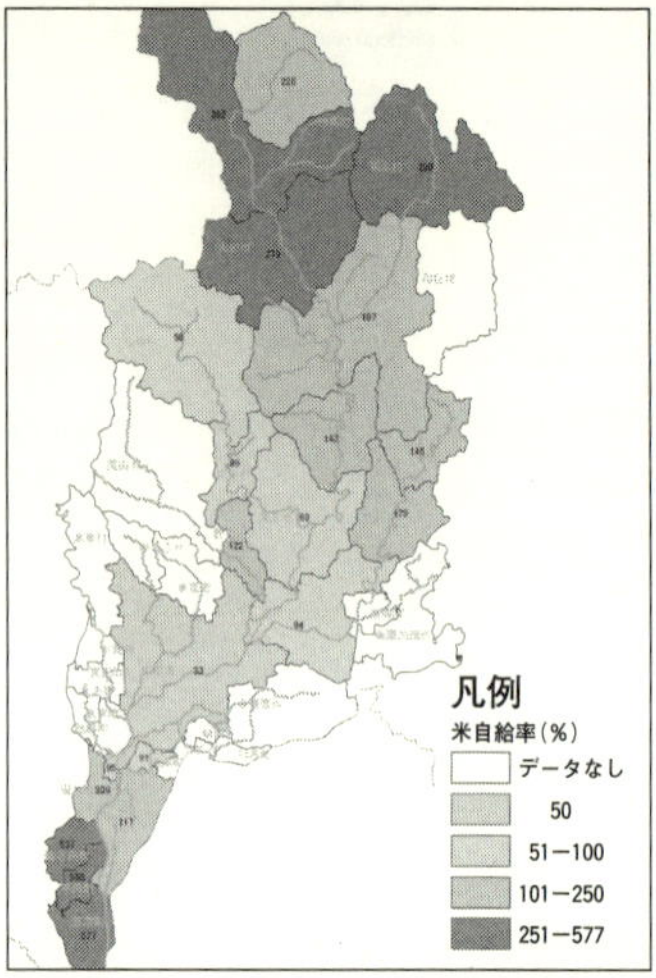

（筆者作成）

図15　長良川流域における休耕率

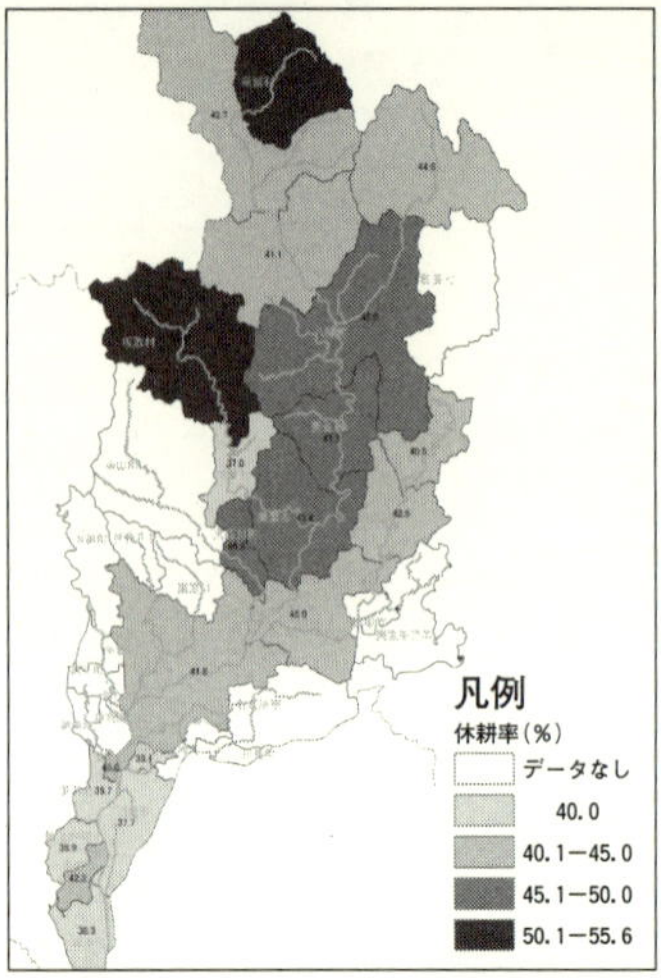

（筆者作成）

が出ている。田圃の面積からコメの耕作面積を引けば、耕作していない田圃《たんぼ》のおおよその面積が出てくる。地域によっては小麦、大豆などを転作しているところもあるので畑面積と重複する可能性はあるが、岐阜県の場合、約四〇パーセントは耕作していない田圃となっている。転作があまり進んでいなければ、この面積は減反と耕作放棄地の面積を足したものとなる。この使っていない田圃をいかにするか、これが地域の自給率を向上させる鍵となる。

なお、現在の日本人の平均的なコメの消費量は一年に六五キログラムである。この数字を使って、地域のコメ自給率はすぐに計算できる。また、日本人の一人あたりの供給熱量は二五七三キロカロリー（『平成十九年版食料・農業・農村白書』より）なので、この数字を使えばカロリーベースの食糧自給率が計算できることになる。そして、地域でつくっているコメ以外の作物や獣鶏類（鶏肉、牛・豚肉等）、牛乳などを計算して入れ込むと、さらに正確な数字となる。

もちろん、現実的には恵那のスーパーに秋田のコメや新潟のコメが売られており、たとえコメの自給率が一〇〇パーセント以上の地域であっても地産地消しているとはかぎらない。したがって、ここでのシミュレーションはあくまでも地域の自給可能性を調査するだけだ。しかし、いざとなったときはこの数字がきっとものを言う。

私が調べたかぎり、岐阜県では岐阜市以外の市町村はほぼ自給可能である。国レベルでは自給不可能という話をよく聞くが、地域での食糧自給は決して難しいことではない。ちなみに、県レベルで自給率一〇〇パーセント以上な所は、いまのところ北海道と青森県、秋田県、岩手県、山形県だけである。

また、もしお暇な方は、このサイトで地域の就農人口のピラミッドを見て欲しい。私がいままで見てきた岐阜県の場合、ほとんど例外なくキノコの断面のような形をしている。どの地域も就農人口の大部分が六〇歳以上で、上に行けば行くほど広がっている。これを見ると、日本の農業がいかにお先真っ暗かが分かる。なんとも悲しいデータだ。

エネルギー自給のシミュレーション

木質バイオマス賦存量

これも、「わがマチわがムラ」を見て欲しい。地域の全森林面積とその内訳が出ている。私は、人工林の面積に特定の数字を掛け、再生可能木質バイオマス量を概算している。この量に特定の数字を掛けると、地域でできる木質バイオマスを活用した電力量を計算することができる[1]。これはあくまでシミュレーションであり、人工林といえども林道が整備されているところとそうでないところなどのように条件に違いがあり、計算上の木質バイオマスがすべて使えるとはいえない。しかし、地域の資源を使ってどれだけ電力が供給できるかを知ることは、郡部地域の「元気」を喚起することに充分つながる。

図16　長良川流域の人工林エネルギー

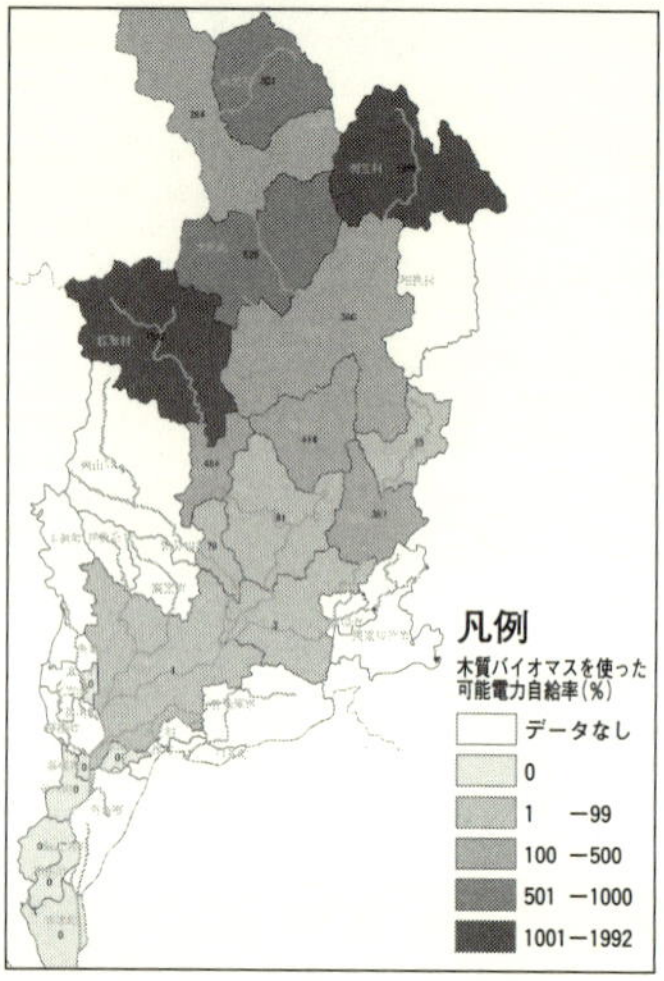

(筆者作成)

田舎にいる皆さん、ぜひやってみて欲し

い。私は岐阜県の恵那市、郡上市などで試してみたが、何とこの二つの地域では、民生用の電力の十数倍の電力が生産できることが分かった。話し半分だとしても、かなりの量の電力が売れるかも知れないですよ。

また、もし木質バイオマスでの発電をお考えの地域があったら、ご存知と思うが、電力だけでなく熱として使用するコジェネを行えば資源の利用効率は大幅に高まることになる。先進国のドイツあたりでは、発電と温水供給（各家庭にパイプを設置、数キロメートルＯＫ）を同時に行っている。

マイクロ水力発電賦存量

これは、いま研究中だが、岐阜、長野、富山あたりは県レベルできわめて有望である。この三県以外にも有望な地域は無数にある。戦前の富山県では、砺波平野を中心に、現在研究中の螺旋

（1）　スギ、ヒノキなどの針葉樹の年間地上部再生量は一ヘクタールあたり一二・七トン、また木質廃材発熱量は一キログラムあたり四〇〇〇キロカロリーである。さらに、一キロワットの電力を発電するために必要な熱量は八六〇キロカロリー、また発電プラントの熱効率を三三パーセント、発電プラント利用効率を五〇パーセントとする。これらの数字に地域の人工林の面積を挿入すれば、地域の人工林の再生可能部分でどれほどの電力を発電できるかが計算できる。なお、これらの数字は堀田和裕氏（愛知県造園建設業協会）によるものである。

型の水車が八〇〇〇機もあった。全国にも普及し、農業用水を使って動力として利用されていた。なお、二〇〇四年三月、農水省、国交省、経産省が合同で「農業用水を利用した小水力発電に係る関係省庁連絡会」を立ちあげた。

マイクロ水力の発電賦存量を、それなりの精度で計算している地域はまだほとんどない。しかし、長野県大町市の「NPO法人地域づくり工房」では、市内の農業用水路に関してすでに調査を行っている。市内すべての水路の流量、そして落差から総合的な賦存量計算を行っている。今後、こうした取り組みがとても重要となる。

ただ、これほど有望なエネルギー源であるにもかかわらず、「水」は大きく法に縛られており、実験目的であったとしても合法的に行うには大きなハードルを越えなければならない。地元の土地改良組合、用水組合、自治体、そして国交省と、さまざまな組織が関与していてたいへんだ。いずれはこうした縛りは緩くなるだろうが、現状ではまだまだ厳しいと言わざるを得ない。私自身、数年前から岐阜県内で実験場を物色しているが、さまざまな障害にぶつかっている。

稲藁バイオマス賦存量

もしも稲藁が有効なバイオ燃料の原料となれば、日本のエネルギーにとって救世主になり得る。また、稲藁にかぎらず、麦わらでも雑草でも、あるいは成長の早いケナフあたりも有効なエネルギー源になるだろう。ただ、こうしたバイオマス系のエネルギーで注意を要するのはエネルギー収支だ。たとえば、稲藁一キログラムから二五〇グラムのエチルアルコールができることは素晴らしいのだが、その過程でどれだけエネルギーを使っているのかが問題となる。

稲藁の場合、田圃《たんぼ》から稲藁をプラントまで送るエネルギー、稲藁を煮て繊維を分離するときに使うエネルギー、そして抽出された繊維を糖に分解するときに使われるエネルギー、さらに糖を分解してエチルアルコールにするときに使われるエネルギー、さらに蒸留して濃度を濃くするときに使われるエネルギーと、燃料になるまでの過程でさまざまな形のエネルギーを使っている。したがって、こうした製造過程で使われるエネルギーが、製造されたエチルアルコールのエネルギーよりも大きかったり、あまり差がなかったりしたら無意味となる。ホンダなどが開発したシステムは物理的な分解・生成ではなく微生物に頼る部分の多いシステムなのでまあ大丈夫だとは思うが、新たなエネルギーを考えるうえではこうした分析が必ず必要となる。

なお、こうした分析、すなわち製品のゆりかごから墓場までに要する全エネルギーを算出する手法を「ＬＣＡ（ライフサイクルアセスメント）」と呼んでいる。この手法は、持続可能社会を支える技術を評価するうえで絶対不可欠なものと私は考えている。一見良さそうに見えても、ＬＣＡに掛けてみると「×」を付けざるを得ない商品が結構あるものだ。

マイクロ風力、太陽光賦存量

風力に関しては、すでに風のいいところは風力発電機が接地されているので、これからは小規模な風力発電に適した地域をいかにして抽出していくかが問題となる。大まかなデータとしてはＮＥＤＯ（独立行政法人　新エネルギー・産業技術総合研究機構）のサイトを見れば全国の一キロメートル四方の年間の平均風力と風向がＧＩＳ（http://www2.infoc.nedo.go.jp/nedo/index.html）上に示されているので、一度見ておくとよいだろう（平均風速五メートル以上が可能性のある地域）。

また、小規模風力適地に関する研究は岐阜大学の「自然エネルギー研究会」が行っている。ＮＥＤＯの悪口を言うつもりはないが、ＮＥＤＯは大規模なものだけに興味があるようで、小規模風力に関する基礎データはまだまだ集積がはじまったばかりで、今後の動向を注視することがとりあえず我々にできることだろう。

とはいえ、現状では風力による電力を売ろうとすると、電力会社という巨大な壁が立ちはだかる。国は、新エネルギー法で自然エネルギーの購入を電力会社に義務づけたものの、わずかな量でもあり、売電希望者の供給可能電力が大幅に義務量を超えた九州電力の例もある（二〇〇七年）。

電力自由化の抜本的対策はヨーロッパのように売電と送電の分離だが、企業というよりは「国」といったほうがいいほど巨大化した我が国の電力会社が簡単に動くとは考えられない。実は、このあたりが我が国のエネルギー問題の中核といっても過言ではないだろう。

家畜系バイオマス賦存量

この分野の研究もかなり進んでいる。家畜系バイオマスの利用技術の基本は乾燥と発酵である。その昔、ヒマラヤの山々で修行をしていたとき[(2)]、現地の人々が主に使っていた燃料は牛の糞だった。

牛の糞はベチャベチャしているので、乾燥すると巨大な煎餅状になる。大きな籠を背負いながら、子どもたちが乾燥した糞を拾い集めて家々の壁際に積んでおく。これを火にくべると、薪ほどの火力はないがよく燃える。牛の糞を燃やし、そのなかにジャガイモを投げ込んで焼き上がったものを岩塩だけで食べるのだが、これがとても美味しい。そんな毎日をヒマラヤの人々は過ごしており、これこそ持続可能社会そのものである、と私は思っている。

ゴミがまったく出ない生活をしている人々、地域の自然資源だけで生きている人々がまだまだ世界にはたくさんいる。我々先進国の人々と、その悪影響を受けた人々だけがこれまで長々とお

（2）一〇回以上登山の海外遠征に行ったが、いま振り返ってみて、私の人生のなかで「修行」と位置づけている。登山という危険きわまりない道楽、こうでもしないと正当化は不可能なのだ！　なお、我が国の登山は山岳信仰からスタートしており、これはまさに「修行」なのだ！

話してきた「持続不能問題」に陥ってしまったのだ。このことは、先進国の人間として充分認識する必要があろう。

いまお話しした乾燥牛糞とは別の方法として、発酵させてメタンガスを発生させる方法がある。これに関しては、埼玉県小川町の桑原衛氏（私の山岳部時代の後輩）が一〇年ほど前から「バイオガスキャラバン」という組織を立ち上げて全国に普及しようとしている。もともと大手ゼネコンに勤務していたのだが、ＯＤＡでネパールに行って現地のメタンガス発生装置に興味をもち、帰国後、専業農家になってバイオガスを普及している。

これはきわめて簡易的なシステムで、密閉した槽をつくってそのなかに田圃《たんぼ》の土と牛糞などをぶち込み、メタンガスを発生させるというものだ。原料挿入口とガス取り出し口があり、家庭用のガスコンロで使用が可能である(3)。メタンガスなので火力はあまり強くはないが、乳牛を飼っている畜産業者などは大量のお湯を必要とするために給湯などにおいては大いに役立っている。ちなみに、長野県飯田市ですでにプラントが稼動している。

また、牛糞にかぎらず、鶏糞、豚糞などはエネルギー利用とともに肥料としても大いに利用できる。そして、量に関する情報は業者が充分把握しているので、地域ごとにデータを収集するとよい。なお、利用の原則としては排出者が直接利用することだ。運搬などで無駄なエネルギーを使用することは極力避けたほうがいいだろう。デンマーク、ドイツなどではかなりシステマティックに利用が進んでいるようだ。

そのほかのバイオマス賦存量

そのほかのバイオマスには、家庭、外食産業を含む食関係業者が出す生ゴミ系のバイオマスと剪定くずなどがある。こうしたバイオマスの量的データは、基本的には各自治体が把握しているので問い合わせれば得られるが、正確な量までは把握していないのが現状である。私は、NPOとして、岐阜県内の大手豆腐製造業者で廃食油を使ったエマルジョンプラントを設計・導入し、二〇〇六年より二四時間稼動させている。これにより、ボイラーで使用する重油一キロリットルが毎日削減されている。エコノミーとエコロジーを完全に両立させたシステムだが、詳しくは「NPO法人　地球の未来」のサイトをご覧いただきたい。

なお、廃食油利用に関しては「菜の花プロジェクト」が有名だが、私は少々疑問を抱いている。ストーリーは美しいのだが、菜の花の栽培、搾油などの手間を考えると採算にまったく合わない。始終料理をしている「主夫」としての私の感覚では、五〇〇ミリリットルで七〇〇円という高価な油を使って揚げ物をすることはできません！　生協のキャノーラ油は一・五リットルで三〇〇

(3)　詳しくは、『ぶくぶく農園』のサイトを参照。http://www.jca.apc.org/~stet/

円台である。いまのところ、菜種油のお値段はエキストラバージンのオリーブ油に匹敵しているため、揚げ油としては高すぎて使えない。こうした問題を解決したのが、信濃大町の「NPO法人　地域づくり工房[4]」だ。揚げ油としての使用は諦め、一流シェフに頼んで菜種油のレシピをつくって「美味しい油」として販売した。したがって、廃食油は出ず、油はすべて口に入ってしまうシステムである。

財政分析

図17　長良川流域の地域経済における財政の比重

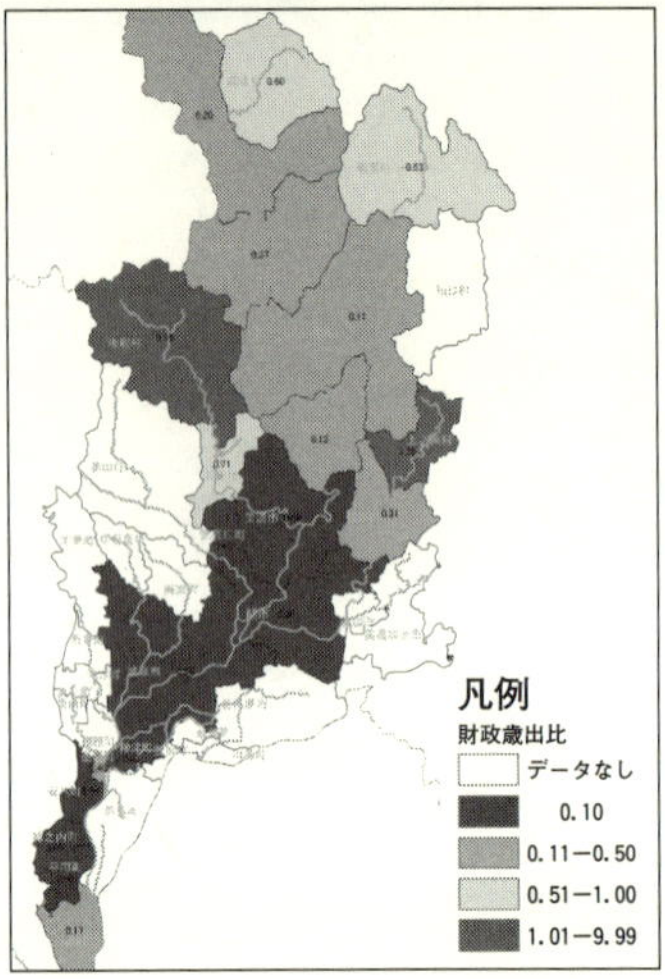

（筆者作成）

私のNPOでは、岐阜県中の市町村の財政分析をすでに行っている。ただし、一般会計のみである。本当は特別会計も分析する必要があるが、NPOで自主事業（予算なしという意味）でやるには限界がある。

ポイントはいくつかあるが、まずはあなたの住んでいる自治体の財政状況がどの程度ヤバイのかを知る必要がある。いまや、夕張市だけが特殊な自治体とはいえない。あと一歩で第二、第三の夕張市になってしまう自治体が無数にあるのだ。万が一、財政再建団体に認定されると、再建完了までは基本的に霞ヶ関の管理下に入るため、たいへん厳しい状況になってしまう。つまり、地域の公共サービスの質と量は大幅に制限されることを覚悟しなければならない。

経済分析

この分析の目的は、地域経済のなかで公金（税金）、準公金（社会保険など）がどの位の割合を占めているかを知ることだ。もし、あなたが都会に住んでいればいいかも知れないが、田舎に住む私にとってこの情報は重要となる。地方に行けば行くほど、地域経済全体に占める公共サービスの比率が高くなる。「秋田県で暮らそうと思ったら、役人になるか先生になるかしかないんです」という言葉を思い出して欲しい。極論すると、公共サービス以外の産業がほとんどないと言ってもいいほどの地域があるのだ。こうした地域で自治体が潰れると、地域経済そのものが潰れることになる。潰れそうな自治体で極端な行財政改革を行うと、地域経済そのものが一気に縮

（4） 〒三九八－〇〇〇二 長野県大町市仁科町三三〇二 http://npo.omachi.org/

小してしまうという何ともならない状況も見えてくる。

少し暗い話が続いたので、もう一度愛知県豊根村のことを思い出そう。わずか五〇〇世帯の小さな村だが、使用エネルギー量は年間五億円だ。エネルギーは村外でつくられるためこの五億円、一部の中間マージンを除けばすべて村の外に出ていってしまうお金である。

地域経済を分析する際、できればこの豊根村のように地域でのエネルギー消費を金額ベースで出すとよい。私が考える地域再生のアイデアの一つが地域でのエネルギー自給だが、その理由を簡単に言えば、どんな田舎でも一世帯あたりのエネルギー使用が一〇〇万円であるから、これを地域で自給することができればそれそのものが地域での最大の産業になる。そして、できれば外部の大手資本によらない地域金融資産を使ったエネルギープラントをつくれば確実に地域再生につながるのだ。

地方に住む皆さん、ぜひやりましょう!! 岩手県葛巻町など、すでにエネルギーを自給している地域が出てきています!!

地域金融資産分析

この分析は難しく、我々もまだはじめたばかりである。どんなに田舎に行っても金融資産は相当ある。すでにお話したように、ＪＡ、郵便局には地域の個人資産が眠っている。これまで収集した情報によれば、ＪＡだけでも地域金融資産は相当なものとなってくる。重要なことは、こうした地域金融資産が地域内で循環するシステムをいかに構築するかだ。

第６章でも述べたように（二〇六ページ）、ここ数年少しずつ立ち上がっている市民金融の多くは、地域の金融資産を地域で循環させるために立ち上げたものだ。こうした試みを成功させるためにも、地域の金融資産を分析することはとても重要なことなのだ。

なお、私の若くて優秀な仲間のなかには、金融機関にとって地域内資金循環を有利にするビジネスモデルの研究に取り掛かった者もいる。このビジネスモデルが成功すれば、国債や村上ファンドに流すより地域で循環させたほうが金融機関として有利ということになり、地域内資金循環が一気に進むかもしれない。

以上、蛇足といいながらこまごまとお話してしまったが、こうした地域のデータを収集し、ぜひ皆さんの地域を「デザイン」してほしい。持続可能な地域デザイン、実は、これが私の仕事の中心なのだ。持続可能社会は、持続可能な小さな地域が集まってできるものである。間違っても、国単位や県単位ではない。皆さんが住む地域をいかにして持続可能な地域にするか、これが社会全体を持続可能にする唯一の方法だと私は思っている。

第8章 歴史を振り返る

今ではほとんど見られないかやぶき民家

「悔しかったら、ローマ数字で数学をやったら？」

さて、ここからは私の個人的考え方の羅列になる。本当をいうと、私が本にしたい内容は「認識論」、「意味論」、「言語哲学」だった。これらについては、すでに一〇年ほど前に原稿を書いた。いくつかの出版社に話をしたこともあるが、「自費出版以外は不可能」という返事だった。大学で少しだけ教えているので何とかなるというのは幻想で、専門書というヤツは本当に売れないのだ。もし、あなたが若者だったら、漫画ではなくちゃんとした本を読んでください！　いい年してを電車のなかで漫画を読んでるヤツ、私は許せない。こんなことを考えるということはもう年っていうことか……愚痴っぽくなってもしょうがないので話を進めることにしよう。

皆さんは、いまのような世の中がいつごろからはじまったと思いますか？　質問が描くて申しわけないが、「いまのような世の中」っていうのは、はっきりいえば欧米的な世の中、もうちょっと正確にいえば近代の西欧文明に満たされた世の中ということだ。

私の知り合いで、かなりツッパッているフランス人がいた。この人に言わせると、フランスを含めたヨーロッパが最高で、あとはダメということらしい。そして、イスラムなんか最低ということである。あまりひどいので言ってやった。

「では、なぜあなた方はアラビア数字を使うのか。イスラムがいやだったら、ローマ数字使って数学をやりなさい!!」

中世まで自然科学を牛耳ってきたのはイスラムだ。ヨーロッパの多くの都市国家は、イスラムの学者を招いていたくらいだ。もっといえば、イスラムの次が東方キリスト教会で、その西方、すなわちいまの西洋は極端にいえば文化果つる地だった。確かに、その後の自然科学は西洋で発達してきたが、ギリシャ文明以降、イスラム台頭のあとに自然科学を牛耳ってきたのは何といってもイスラム世界だ。モスク（イスラム教の教会）の美しい曲線、あれはイスラムの科学の粋を集めたものと私は考えている。

フランス人の知り合いが多いわけではないので、この人がフランス人の典型とはいえないだろう。しかし、あらゆる面で西洋が中心の現在の世の中で、もう一度認識する必要があるのは人間の長い歴史である。人間の長い歴史のなかでいまほど異常な時代はない。人口の指数関数的な増加、わずか二〇〇年ほどで終焉を迎える石油文明など、いまの時代の特異性を認識し、この特異性がどこから出てきたのかを検証することは、現代の問題を解決するうえでどうしても必要なことと私は考えている。

こういう考え方を俗に「原理主義」なんていうが、この世に原理主義者がいなくなったから右往左往しているんだ、と私は思ってしまう。根本原理に立ち帰ること、これって重要ですよ！ところが、私の嫌いな「戦後民主主義者」の人たちは、「原理主義が戦争起こしたんだ」などと偏ったことを言う。NPOの世界にも戦後民主主義者がウヨウヨしていて少々居心地が悪いが、私はとにかく原理を追及したい人間だ。

まあ、それは置いておくとして、まずは歴史を振り返ってみたいと思う。どうも、我々が学校で習った歴史はヨーロッパの勝利者史観によってつくられているために偏っていると私は常々思っている。

『西洋世界と日本』という本がある。上下二冊の、内容の濃い本だ。イギリスの著名な歴史学者であるG・B・サンソム氏が書いた本だが、これを読むと歴史観が少し変わってくる。私自身理系人間なのでもともと歴史に関しては不勉強で、そもそも歴史観なんていうものをもち合わせていなかったことも事実である。しかし、戦後五〇余年を過ごしてきた生活のなかでの庶民的な歴史観くらいはある。とくに、高度成長期をほぼすべて経験して、その間にどのように生活が変化していったのかという感覚はもっている。

不勉強を正当化してもはじまらないので、『西洋世界と日本』を開いてみよう。

知っている人なら驚くこともないだろうが、一九世紀中庸における最大の国家は何といっても中国である。人口が多いから当たり前かもしれないがGDPは世界一だった。もう少しすると、また中国が世界一の大国になるだろうが、一昔前の一九世は間違いなくそうだったのだ。したがって、二〇世紀という異常な状態が、いままた正常な状態に戻りつつあるということかも知れない。

さらに、中世から一九世紀中庸までのアジアとヨーロッパの貿易収支を見ると、明らかにアジアの輸出超過が続いた。そもそも、アジアは自給的な経済が中心で、貿易をする必要などまったくなかった。これと対照的に、ヨーロッパでは庶民が使う香料、綿花などをどうしてもアジアから輸入する必要があった。アジアには輸入を必要とする物資は何もなく、仕方なくアジアにはない珍しいもの、曲芸師や王様の妾になる美人なんかを輸入していた。ヨーロッパと比べて自然資源が豊かだったアジアは、貿易の必要性がないばかりか物質的にも豊かだったのだ。

こんな逸話がある。アジアの植民地化がはじまったころ、イギリス人がインドに行った。マハラジャに会って港を借りるために金製の土産を持っていった。ところが、マハラジャの傍らに置いてある大きな痰壷《たんつぼ》が純金製で、恥ずかしくて土産を出せなかったという話である。

ここ五〇〇〇年の歴史を振り返っただけでも、少なくとも前半の三〇〇〇年はアジアのほうが優位だったわけだ。ヨーロッパが中心になったのはほんの二〇〇年くらいで、人間の長い歴史のなかでは一瞬の出来事と考えたほうがいいだろう。しかし、悲しいかな、人間の生活観はせいぜい自分が生きている時間だけで、記憶だって三歳くらいからしかない。親や祖父母の時代の情報をどれだけ共有できているかすら疑問なところだ。だから、一〇〇年前のことなんてまったく実感がない。ましてや、五〇〇年前のことは想像するしかないために、教科書に書いてあることを鵜呑みにしてしまうのだろう。

長期的アジアの優位とイスラムの力

私の考えでは、一九〜二〇世紀は西欧が歴史的鬱憤を晴らした世紀である。わずか二〇〇年で近代西欧文明はほころびを見せはじめたのだが、これが問題の中核だと私は思っている。そう思いつつも、近代西欧文明の終着点的な商品であるパソコンに向かって文章を書いていたりするのだが、やはりこれが問題の中核であると思ってしまう。

では、近代西欧文明の何がいけないのか、ここが問題なのだ。哲学的なお話をする前にもう少し歴史を振り返ってみたい。

第一次世界大戦は、人間が大量の殺戮兵器を使った最初の戦争だった。これらの兵器は高度な自然科学の産物で、物質科学の発展と産業の発展、そして兵器の発展が国の力を形成していった。まったく馬鹿なことをやったわけだが、この状況はいまも寸分変わっていない。ベースになった科学といえば、数学、物理学、化学といった本質科学から金属工学、有機化学などの実用科学である。

T型フォードの出現以来、大量生産・大量消費社会が到来し、国民の物質的生活の豊かさが国そのものの豊かさの尺度になった。このあたりから世の中がおかしくなった。とはいえ、こうした大量生産を可能にした科学そのものは健全な方向性をもっていたのだ。一九二〇年代からの科学の進歩には目を見張るものがある。以下、簡単に当時の科学の歩みを見てみよう。

まず、物理学の世界では量子力学、相対性理論などが登場した。とくに、量子力学はいまのITを下支えする半導体技術の基本的な学問だが、当時の学者たちはあくまでもアカデミックだった。ものをとことん細かくしていって、もうこれ以上分けられない状態までいくと「素粒子」という不可解な粒（？）になる。それまでの物質観といえば単なる粒の集まりだったが、粒としての粒子性と、それに反する波動性という二つの性質をもつことが分かった。

これに関しては現在でも議論されているが、量子力学をつくった学者の一人であるニールス・ボーア[1]は、ノーベル賞をとった後に家紋をつくることになり、韓国国旗の真ん中にある陰陽の円を家紋とした。陰陽は単独で存在する概念ではなく、常に相互補完的である。粒子性と波動性は、

（1）Niels Henrik David Bohr（一八八五〜一九六二）原子模型、元素の周期律の理論でノーベル賞を受賞。

ちょうどこの陰陽と同様に相互補完的なのだ。そしてその後、多くの量子力学者が東洋哲学に傾倒することとなった。

また、アインシュタイン[2]とも友好があった数学者のゲーデル[3]は、すべての数学者を地獄に落としこんだ「不完全性定理」を発見した。この定理を説明するのはとても難しいが、一言でいえば「完全な言語はあり得ない」ということだと私は解釈している。ちょっとだけさわりをいえば、自然数論のような無矛盾の体系のなかにも証明できないような命題が最低一つは存在するという定理だ。

この話に入り込むと、女房は五分以内に寝てしまう。ということでこのくらいにしておくが、もっとも厳密かつ厳格な世界である数学においても「穴」があることを分かっていただければありがたいと思う（そんなこと前から知ってたって？　本当ですか？　家計簿の数字が合わないのとはちょっと違うんですけど……）。

また、最終的にはラッセル[4]の先生になってしまったヴィトゲンシュタイン[5]という哲学者が、『論理哲学論考』という風変わりな哲学書を書いたのもこの時期だ。ヴィトゲンシュタインは、この理論を第一次世界大戦中の戦地の塹壕のなかで完成させたという。この理論も、簡単にいえば、完全な言語はあり得ないということを厳密な言語で示したものだ。

こうした一連の科学的進歩は、それまでの世界観を一変させるものだったと私は考えている。

それまでの世界観、とくにニュートン力学的な世界観は、言い換えれば機械的世界観であり、ちょっと理屈っぽくいえば初期条件が限定されれば必ず同じ結果が出るという世界観だ。そして、事実は言語化されねばならないという言語至上主義も世界を支配しはじめていた。

私が言いたいのは、言葉だけの世界は危険ということだ。また、初期条件が限定されれば必ず同じ結果が出るという「再現性神話」にも問題があるということが言いたいのだ。

言葉だけの世界における危険性は比較的簡単に理解してもらえると思う。言葉だけの世界とは、法律条文だけの世界、契約書だけの世界、数字だけの世界ということだが、こんな世界が正常であるわけがない、と私は思っているのだが皆さんはどうだろうか。

「法律通り取引しただけなんだけど、どこが悪いの？」、なんて言ったホリエモン君はこういう世界が好きなのだろう。でも、多くの方々がこうして読んでいる文字だけで人を判断せず、直接その人と会って話してみるべきであると考えるだろう。そうした人は、文字化されたものを絶対

---

(2) Albert Einstein（一八七九～一九五五）ドイツ生まれの理論物理学者。一九一六年にかけて一般相対性理論を完成。

(3) Kurt Godel（一九〇六～一九七八）チェコの理論学者、数学者。

(4) Bertrand Russell（一八七二～一九七〇）イギリスの論理学・数学・哲学者。

(5) Ludving Wittgenstein（一八八九～一九五一）オーストリアの哲学者。

とは考えないはずだ。それに、企業の業績を会計指標だけで判断する人は、いずれエンロン社やゼロックス社のような企業に騙されることになる。さらにいえば、言語化された法以外に拠り所をもたない多民族国家のアメリカがどのような問題を抱えているのかを充分に振り返る必要があるとも思う。

再現性についても少し述べておこう。最近の科学が徐々に明らかにしているように、複雑系のような奇妙な世界が出たと同時に、少し旗色が悪くなってきたようだ。そもそも、量子論によれば厳密な意味における初期条件の限定はできないはずだ。ある粒子の位置と運動量をある精度以上の細かさで同時に測定することが不可能なため、初期条件の限定はできない。しかも、宇宙は一定方向に膨張しながら時空が進んでいるので、常に物理的状態は変化している。そういう条件はすべてネグリジブル（無視できる）であるとおっしゃりたい物理学者には、その系が複雑系でない証明をしていただく必要がある。なお、この話を女房に聞かせると一〇秒以内で立ち去ってしまう。読者の皆さんに立ち去られては困るのでこのあたりでやめておくが、現代の科学技術の根本に大きな弱点があることだけは分かってほしい。

科学と産業の暴走

私がこの本を著すうえにおいて一貫して考えてきたことは、等身大の科学のイメージだ。窓から見える、隣の光男さんの山の生態系をすべて記述することは不可能だ。この謙虚さが大切だと思っている。

では、等身大を超えた科学がもたらす結果とはいったいどのようなものだろうか。これを考えると、もう少し等身大の科学のイメージが湧いてくるかもしれない。一言でいえば、コントロール不能な状態が起こったときにその背後に等身大を超えた科学があるということだろう。たとえば、現在の高度情報社会は、私にいわせればもはやコントロール不能である。事例を挙げればきりがないが、二〇〇七年五月一二日に起こったサッカーくじを管理していたコンピュータのダウンとイタチごっこのようなコンピュータウィルスなどである。確かに、便利になったといえるかもしれないが、もしかしたら逆に不便になっているかも知れない。

また、毎年一万人ほどの人が死んでしまう交通事故。車は、人間にとってコントロール可能なのだろうか。原発も、チェルノブイリ、そして頻発している日本の原発事故を見るかぎりコントロール不能である。よほどの不注意は別として、通常の人間が扱っているなかで想定外の事故が起こった場合はコントロール不能と判断すべきで、人智を超える科学に依存していることになると私は考えている。

ただし、仮にそうであったとしても利用すべきだという議論はあってもいいと思う。問題は、「絶対に安全だ」とか「完全にコントロールできる」という嘘をつかないことだ。もっと謙虚になるべきである。しかも、そういう科学が問題をすべて解決するなんて絶対に思わないことだ。テクノロジーがすべてを解決するなんていう嘘を、間違ってもついてはいけない。

こんなことを書いていると、先ほど「やめる」といった「再現性」の話をもう少ししたくなった。立ち去らないで、もう少し付き合っていただきたい。

私は、量産品をつくる工場を「物理学実験室」だと考えている。歩留まりのいいラインとは、より高い確率で再現性が確かめられるラインのことだ。原料を徹底して均一化し、製造の各過程で常に同一の条件を求めることでまったく同じ製品が製造できるのだ。しかし、製造の現場で働いたことのある人なら知っている通り、不良品は決して「〇《ゼロ》」にはならない。少ないとはいえ、工場に不良品は付きものなのだ。ところが、ちゃんと製品管理をしていれば市場には不良品が基本的には出てこない。ゆえに、そうした商品を買う一般消費者は「失敗作」にお目にかかることがない。その結果、工場で行われている物理学実験を信用することになり、さらにそれを支える科学を信仰するようになってしまう。ここまでくると宗教だ……信じる者は救われるという世界になる。

そもそも、実験には失敗が付きものである。ゆえに、工場には不良品が付きものなのだ。このことを知っていれば、スーパーで買った商品が不良品であっても決して驚くことはないだろう。しかし、車で不良品が出たり、温風暖房機で不良品が出たりするとニュースになってしまう。犬が人を噛んでもニュースにはならないが、人が犬を噛むとニュースになるという話があるが、まさにそういう状況になっている。つまり、不良品が市場に出るということは非日常的であるということだ。

さて、不良品の話はともかくとして、これだけ多種多様な量産品に囲まれて生活をしていると、多くの方々が自分で生産に関与した商品に出合うことは稀だろう。いま、テーブルの上にあるものを見てほしい。きっと、そのほとんどすべてのものが、知らない人がつくったものだろう。私はというと、まずいま使っているテーブルは私がつくったものだ。ホームセンターで厚めの板を買ってきて、それに以前買っておいたテーブルの足を付けただけなのですべて自分でつくったとはいえないが、製造に関わったことだけは事実だ。茶箪笥を見ても、ほんの数点だが私が焼いた茶碗や食器が見える。そして、台所に目をやると、裏の畑でとれたアスパラや昨日収穫したばかりの青梅がある。

ほんの少し昔に戻れば、どの家にも家庭でつくったものがたくさんあったはずだ。仮に、自分でつくれても、面倒なために商品を買ってくるという生活、徹底した社会的分業制度といえるが、このような生活は果たして人を幸せにするのだろうか。

その昔に勉強した生理学によれば、使わない人間の機能は「廃用性萎縮」といってどんどん萎縮してしまうようだ。初期の宇宙飛行士は、地球に帰った瞬間に足がへなへなになっていて歩くこともままならなかった。無重力の宇宙空間に何日かいるだけで、足の筋肉が廃用性萎縮を起こしてしまうのだ。病気になって数日間寝ているだけで同じ現象が起こることは皆さんもご存じだろう。

人間にはさまざまな能力があるのだが、量産品に包まれた生活、すなわち他人の能力に頼った生活はそのさまざまな機能に廃用性萎縮を起こさせることになる。つまり、それらの機能が退化するということだ。これが足の筋肉なら分かりやすいのだが、頭のなかだと非常に分かりにくい。もしかしたら、我々の頭のなかは、ごく一部を除いて多くの箇所が廃用性萎縮を起こしている可能性がある。

量産品のいいところは、価格が安く、ある一定以上の品質が保証されていることだ。もしかしたら、私が使っているテーブルにしても、家具の量販店に行けばこれより安くていいものが手に入るかもしれない。しかし、こうした一品もの、しかも製作者が分かっているものにはメリットがある。どこが壊れても、基本的にはメンテナンス可能だということだ。そういえば、この家にしてもどこが弱いのかをよく知っている。つまり、どこで手を抜いたかをよく知っているということだ。なんたって、自分で造ったのだから。

その昔は、家にしろ、多くの生活必需品にしろ、ワンセット地域でメンテナンス可能だった。しかし最近は、家電にしろ車にしろ、地域では直せるものが少なくなった。仮に直せるとしても、故障したと思われる部品周辺をそっくり交換するという「ユニット交換」という方式だ。合理的といえばそれまでだが、その結果、地域にそれに関する技術者がいなくなってしまった。これは地域にとっては大きなマイナスで、地域の店は大企業の単なる出先にしかすぎなくなってしまったのだ。

多少の不都合はあっても、できるだけすべてのものを地産地消することが地域の自立にとっては大切なことである。ただし、もしそのような店が復活しても、こうした店の商圏はかぎられたものとなる。かぎられた商圏のなかでかぎられたものをつくって売るかぎり、右方上がりの経営はありえないだろう。もちろん、地域全体の所得が上がるとか人口が増加するとかすればその分売り上げは上がるだろうが、今後そのようなことは考えにくく、こうした小規模な店は、いわゆるコミュニティビジネスの域を出るものではないだろう。戦後五〇年、右肩上がりに馴れすぎてしまったために、定常的あるいは人口減少に伴う右肩下がりの経済に社会全体がまだまだ適応していない。しかし、人口減少が確定的である以上、素直に現実を受け入れ、それでも楽しくやっていけるシステムを考える必要がある。

なお、経済規模が縮小あるいは不変の局面においては、最早金融・証券は機能不全を起こす。こうした経済システムは、右肩上がりを前提としていることを認識する必要がある。

欧米と日本の自然観と言語観の違い

さて、私の話もそろそろ終盤に近づいてきた。ここらで本題に移ろうと思う。

すでに、眠気を催すであろう科学の話と言語至上主義の話をさせていただいた。今度の話は、脳波測定をするときに飲まされる睡眠薬みたいなものだ。二〇年ほど前だったか、名古屋時代に自転車で通勤中、喫茶店の駐車場から突然出てきた車に飛ばされたことがあった。医者に行って精密検査をしたとき、生まれて初めて脳波測定というのをやった。検査技師が私に睡眠薬をわたしながら、「私が1、2、3と言います。あなたはきっと、3を聞く前に眠っているでしょう」と言った。冗談だと思ったが、確かに「3」を聞いた記憶がない。「2」までは聞こえたが、次の瞬間にはもう眠っていたのだ。

私は、いま地球上で起こっているグローバルな問題群の最大の原因は言語にまつわるものだと思っている。言語の問題とは、言い換えると意味論、認識論の問題ということだ。この問題についてすべてを語ろうとすると、おそらくあと四〇〇ページくらいを必要とする。この本は、あと五〇ページ以内で終わらないと編集の人に叱られるので、コンパクトにお話しようと思う。

ここに、四つのリンゴがあるとする。それぞれに「リンゴ」という共通の単語が充てられているものの、生き物である以上四つとも決して同じではない。同じでないにもかかわらず「リンゴ」という共通の語を充てている。また、この四つのリンゴの内二つが同じ枝になっていたとする。しかし、その関係は並んでいる四つのリンゴを見ているだけでは分からない。さらに、この四つのリンゴは恵那産で、野井の〇〇さんが丹精込めてつくったといったこともこのリンゴに関わる重要な要素なのだが、単体を見るかぎりは分からない。

結論をいえば、言葉とは、対象物に以下の三つの操作を加えたものと考えられる。

❶同質性の抽出
❷異質性の排除

図18　リンゴ4個

❸関係性の遮断

したがって、言葉は対象そのものを表したものではなく、どんなに言葉を尽くしてもその対象のすべてを表現することはできないということだ。言葉とは、所詮そんなものなのだ。

また、現物のリンゴを前にしないで「リンゴが食べたい」と言ったとき、話者の頭のなかではリンゴのイデアのようなものを想像しながらリンゴの話をしているのだ。リンゴのイデアとは、いままでのその人の経験のなかで得たさまざまな実際のリンゴから共通の性質（同質性）を引き出し、色の微妙な違いや大きさの違いなどの個別の違い（異質性）を排除して、しかも個々のリンゴに付随する背景（関係性）を無視してできたものだ。

逆に聞き手は、「リンゴが食べたい」と言われて自分なりのリンゴを想像することになる。想像したリンゴが話し手の想像するリンゴと同一であるとはかぎらない。つまり、言葉は聞き手にとって想像をかきたてる対象となるわけだ。なぜって、その理由は言葉が曖昧なものだからである。小説を読みながら情景を思い描いたりできるのも、言葉の曖昧性がゆえである。

少々わき道にそれるが、視覚に訴える映像は言葉に比べると圧倒的な情報量となる。もちろん、想像をかきたてるような芸術的なものもあるが、映像は言葉ほど想像をかきたてさせない。映像文化が広がって若者の文字文化（読書文化）が衰退すると、想像力の乏しい人間が増産されると思っているのだが……どうだろうか。

さて、言葉がいかに曖昧な存在ということがお分かりいただけたと思う。「そんなことは当たり前」と言う人が多いと思うが、これは結構重要な概念なのだ。言葉といってもいろいろな言葉があり、すべての言葉に関して言葉の曖昧性を追及することに意味があると私は考えている。

私は、単なる趣味でこうして言葉にこだわっているのではない。環境問題をはじめとするグローバルな問題の起源を辿っていくと言葉の問題に逢着するからだ。そして、言葉の問題は認識論や意味論に結び付き、その過程において科学の限界についての考察が必要となる。いまの世の中の根底を支配する科学、そして言語についてその限界を充分に知ることがもっとも本質的な問題解決へとつながると考えているからだ。

翻って、東洋の思想を鳥瞰してみると、そのほとんどが初期において言語を否定している。お釈迦さまは、悟りを開いた当初、その内容を弟子に伝えなかった。言葉にすると、悟った内容が歪曲されると考えたからだ。そういえば、お釈迦さまにしろ、キリストにしろ、孔子にしろ、みんな弟子が文章を残しているだけで自分自身では文章を残していない。表記された言語の限界と危険性を理解していたのではないだろうか。

そうした言語を否定する哲学に反して、近代ヨーロッパではより精密な言葉を追求していった。数学や物理学に使われる言葉、さらにはコンピュータ言語に至る言葉の開発は、使用する語一つ一つに一義的で厳格な意味を付与する言葉の開発だった。そして、そうした言葉の最終産物である量産品で世界を埋め尽くした。共産主義は滅びたと言うものの、共産主義が生んだ唯物主義は世界を支配し、自然に対する畏敬の念は消えた、と私は考えている。

自然に対する畏敬の念が消えたことに対する最大の証拠として、「自然に優しい」という言葉がある。弱く脆い自然を、強くたくましい人間が保護するとでも考えているのだろうか。いまや誰もが使っているこの言葉だが、自然に対する畏敬の念をもっている私には使うことができない。強いのはあくまで自然だ。人間が滅亡しても自然は残る。自然に保護されているのは、いつだって弱い人間のほうなのだ。

いままで、自然は人間に優しかった。優しかった自然に歯向かったのが人間だ。「自然に優しい」という言葉ほど人間の傲慢さを表した言葉はない、と私は考えている。「いい加減にしろ！」と言いたい。

さて、言葉の限界の話はこのくらいにして、次は言葉がもたらす錯覚のお話をしたい。

図19　人の存在イメージ

たとえば、ここに私がいて、そしてあなたがいるとしよう。それぞれ、独立している存在のような気がする。当然だが、生物学的には個別の固体、さらに独立した意志をもつ近代における個人であるような気がする。「気がするだけじゃなくて、それそのものだ」とあなたが思うのなら、少々異議を申し述べたい。

　私たち人間は、生きているかぎり呼吸をしている。また、気体分子の拡散速度はとても速いため、いまあなたが吐いた息を次の瞬間には私が吸っている。気持ち悪いかもしれないけど、物理的に考えたらそういうことになる。では、さっき吐いたあなたの息は、あなたの体内にあったときにはあなたのものだったのだろうか？　あなたの肉体をあなたのものとすれば、きっとあなたの体内にあった息もあなたのものだったのだろう。でも、あなたが息を吐いた瞬間、それを私が吸って私のものとなったのだ。

　いったい何が言いたいかというと、生物の個体というのはすべてこういうもので、境界がはっきりしないということだ。厳密に考えると、どこからどこまでが私なのかは分からないということである。そして、この性質は

図20　物質の存在イメージ

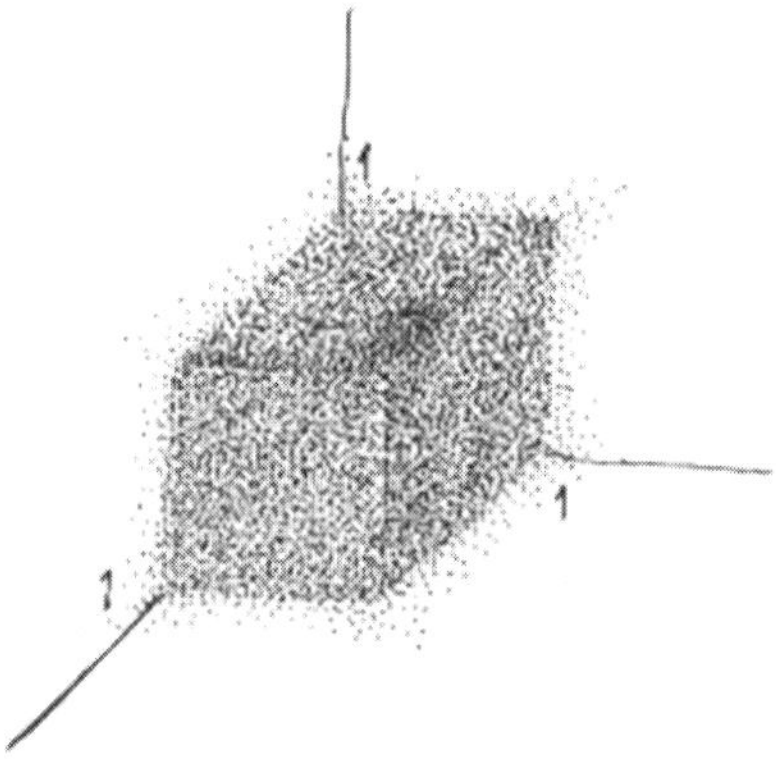

生物にかぎったことではなく石ころだって同じで、絶対零度（マイナス二七三度）でないかぎり物質は振動しているのだ。したがって、石ころといえどもその位置を厳密に確定することはできず、「大体ここからここまで」と言うしかないのだ。

世の中にあるすべてのものが厳密な空間的境界をもたない。つまり、論理的にもち得ないという結論をどう思いますか？　もしかすると、近代以前の人たちは当たり前のようにそう思っていたのではないだろうか。自分が自然の一部であるという感覚やすべてのものが他のすべてとつながっているという感覚、自分が、家族、畑の野菜、森の木々、川の水、そして自然すべてとつながっているという感覚を昔の人はもっていたように思う。森を傷めつけることは、自分の身体を傷めつけることと同じだという感覚、この感覚のほうが現代人のデジタル的で分断された感覚よりもはるかに正しいのではないだろうか。

現代人の感覚は、自分と森は無関係ではないが、自分は自分、森は森という感覚になっているのではないだろうか。森が吐き出した酸素をいまもあなたは吸っているし、私も吸っている。この厳然たる事実を直感できなくなったときに多くの問題が発生したのではないだろうか。そして、このような境界なき世界に境界を与えたのが「言葉」であると私は思っている。

もし、言葉がなかったら、これほどまでに物事を分け隔てて考えることはなかっただろう。そして、もっと素直に人や自然に接することができるのではないだろうか。また、口で言っている分にはまだいいのだが、一旦記述されてしまうと言葉は新たな世界を形成することになる。科学哲学・科学批判で有名なカール・ポパー(1)の言う「第三の世界」がこれだ。とくに、厳格な言語、たとえば数学や物理学の言語は伝播速度が速い。発表された論文は、直ちに、しかも正確に世界中に伝わってしまう。論文にかぎらず、最高度の厳密さをもつコンピュータ言語でできた基本ソフト（OS）もそうだ。ウィンドウズの新しいバージョンが出た瞬間に世界中で販売され、一気に普及してしまう。

こうした厳格な言語ならまだいいが、一般言語で表現された書物、たとえば『聖書』を例に挙げるとすぐに分かると思うが、キリストと離れた聖書という「第三世界」が形成されたために多くの解釈が生まれることになる。キリストが言ったことの意味はおそらく一つなのだが、さまざまな解釈が生まれてそこに争いが生じた。そういうことが起きるから、人間は厳格な言語を追求してきたともいえるのだが、もっとも厳格な言語である数学すら完全に閉じられた無矛盾で完全な言語体系とはいえない。

いずれにせよ、言葉、そして言葉によってつくられた科学が全幅の信頼を置けるものでないと

---

(1)　Sir Karl Raimund Popper（一九〇二～一九九四）オーストリア出身のイギリスの哲学者。科学哲学者として有名。純粋な科学者言説の必要条件として、反証可能性を提唱。科学者の成し得る唯一のことは、反証可能な仮設を提案するのみとした。

いうことはお分かりいただけたと思う。しかし、人間は言葉を使わないかぎり他人とコミュニケーションができない。ここに、大きな問題が横たわっている。言葉を使って言葉を否定する方法しか我々には許されていないのだ……困ったものだ。

さて、ではなぜ、ヨーロッパで言語至上主義が発生し、東洋では何千年も前から言語を否定する哲学が生まれたのだろうか。私は、その原因は「風土」だと考えている。さらにいえば、風土がもたらす自然観に違いがあると考えている。

簡単にいえば、自然を征服する対象と見るか、融合する対象と見るかの違いである。ヨーロッパは、アジアに比べて自然資源が貧弱なのだ。たとえば、ヨーロッパの農地と日本の農地を比べると耕土の厚さに大きな違いがある。土が厚ければ厚いほど作物にはよい。ちなみに、日本はどこまで掘っても土だが、ヨーロッパは岩盤の上に土が乗っかった状態だといわれている。この耕土の厚さの違いを如実に表す数字が人口密度だ。世界のなかでも、アジアのモンスーン地帯は人口過密地帯となっている。なぜ人口が過密になれるかといったら、理由は簡単で、食べ物がたくさんあるからだ。

乏しい自然のなかで生きる人間は、自然をできるかぎりコントロールしようとするのではないだろうか。逆に、豊かな自然に囲まれたアジア人は、古来より自然との融合をめざしてきた。そして、人間と自然の対立あるいは峻別が、デジタル的な言語の基盤的精神風土となったように考えている。また、宗教も同様で、ヨーロッパで発達した一神教の文化は他を排除するものだがアジアの宗教はおおらかだ。こうした自他の分離、さらには善悪の分離の発祥源はたぶんキリスト教で、救われる者と救われざる者の分離に起因していると私は考えている。

宗教の話を展開していくほど教養がないので、ちょっとだけ横道に入って「労働観」の東西の違いだけを見ておきたい。

キリスト教社会では、プロテスタントが出るまでは労働は忌み嫌われていた。どうやら、労働は人間のやることではないと思われていたようだ。宗教革命後、プロテスタントが職業を神から与えられたものと解釈して一気に近代へと進んだわけだが、それまで労働は忌み嫌われていたのだ。労働の大部分を占める農業は農奴の仕事であり、農奴は城壁の外に生息する自然の一部と見なされていたようだ。

これに比べて、日本の労働観はもっと肯定的だ。たいへんな面も当然あるわけだが、先にお話したように、江戸の農民はみんなニコニコしていたのだ。どちらかというと、労働を楽しんでいたふしがある。現代でもそうかも知れないが、多くの人々は仕事を楽しんでいる。「それは嘘だ！」とおっしゃるあなたは悲しい方で、転職をおすすめする。また、禅においては日々の農作業や料理を修業と考えている。修行と考える裏には労働に対する肯定があるのだ。

たとえプロテスタントが労働を肯定しようと、そこで生まれた近代資本主義社会では生産性の追及が至上命題となっている。そもそも生産性とは、単位時間あたりの生産量のことで、その極限値は労働時間をゼロにしたときに得られる。このとき、生産性は無限大になる。私は、こうした社会が密かに願う最終目標はこれだと考えている。これは、いわゆる不労所得のことで、働かずして儲けることである。皆さんは、果たしてこの状態を理想とするのだろうか？　私は、死ぬまで働いていたいと思うのだが……。団塊の世代の皆さん、定年後にボーっとしていてもつまらないですよね。趣味に没頭するのもいいですが、社会に貢献するのも悪くないと思いますよ。

さて、話が少々わき道にそれたが、いまお話したヨーロッパの歴史を振り返ると、そこにグローバルな問題の種が見られることが分かる。いまから一五年前、リオで初めての環境サミットが開かれた際、取材に当たったNHKのスタッフがテレビで次のような報告をしていたと記憶している。

「世界の首脳が集まったこの会議で、先進国と発展途上国の利害が大きく対立した。環境をとるか、経済発展を取るかという選択だ。そして、地球規模にまで広がってしまった環境問題の原因についてもさまざまな議論があった。歴史を辿れば、おそらくその原因は一五世紀の大航海時代に遡ることができるだろう。ヨーロッパ社会が起こした近代という時代の終着点が、こうした地球規模の環境問題だったわけである」

さすがＮＨＫ、と思ったと同時に、根本的な問題解決のためには、そこまで遡ることが必要なのだということを強く感じた。

近代ヨーロッパが生み出した「勝利者史観」と「進歩主義」

何だかわけの分からない話になってきたとお考えのあなたに、もう一つ問題提起をしたい。我々が学校で習ってきた歴史が果たして正しいかどうか、という問題提起だ。

日本は資源小国で、海外から資源を輸入して、加工して付加価値をつけて海外に輸出するしか日本の生きる道はないという教育を我々が受けてきた話はすでにした。そして、この考えがもしかしたら誤りであるかも知れないという話もしたが、この誤りは私に言わせれば微々たるもので、比較的簡単に修正できる誤りである。たとえば、国土の七割を占める森林資源、あるいは稲藁や家畜の糞などの農業資源をうまく利用してエネルギーの自給ができれば、資源小国というイメージは払拭できるだろう。

しかし、これからお話をする「勝利者史観」や「進歩主義」はかなり手強い相手となる。勝利者史観とは、簡単にいえば近代からはじまるヨーロッパ主義のようなものが世界を牛耳ったことで、世界史的にヨーロッパが勝利したという考え方である。そして、進歩主義とは、人類は進歩しているのだという単純な考え方である。

さて、皆さんのほとんどが、古代よりは中世、中世よりは近代、近代よりは現代のほうが社会は進歩していると思っていないだろうか。私は、これをすっぱりと否定したい。まず、どうしてもお分かりいただきたいのは、いまという時代が世界をヨーロッパ化した特異的な時代であるということだ。そして、近代ヨーロッパ文明は、わずか二〇〇年でほころびを見せてしまったという厳然たる事実をしっかりと認識して欲しい。人間の長い歴史のなかで、二〇〇年という文明の寿命は言うまでもなくかなり短いものである。

こうした事実とは裏腹に、『歴史の終わり』（フランシス・フクヤマ／渡部昇一訳、三笠書房、一九九二年）なんていう本を書いて一世を風靡した社会学者が現れる始末となっている。こういう方は、お考えになっている歴史のタイムスパンがあまりにも短すぎる。ソ連が崩壊し、自由主義経済が世の中に蔓延しただけで歴史が終焉するわけがない（欧米化社会の終焉ならばまだ分かるが……）。

繰り返しになるが、一九世紀中庸まではアジアの圧倒的な輸出超過であり、世界最大の国家は何たって中国だったのだ。二〇〇七年二月に開かれた「ダボス会議」のメインテーマは世界の多極化だったようだが、ここ一〇〇年、世界が欧米一極だったこと自体が世界史的にはかなり異常な状態だったと言わざるを得ない。今後の多極化とは、結局人口で圧倒的に勝る中国、インドが大きな核になるということだが、振り返ってみれば一九世紀的な世界に戻るということだ。現状の人口比率を見るかぎり、世界の人口の約半数がアジア人で、EUとアメリカ合わせたってせいぜい五億人でしかない。世界人口の一割程度の方々が世界を牛耳ってきたこと自体、驚くほど非民主的なことである。

では、なぜこうした歴史的事実を認識できずに、勝利者史観や進歩主義を鵜呑みにするのだろうか。このことも、考えてみる必要がある。戦前生まれの人であれば、戦争に負けたからとお考えかも知れない。もう少しだけ歴史を遡って考える人は、ペリーが来たからだとおっしゃるかも知れない。とくに、マルクス的歴史観をおもちの人は、弁証法などをお使いになって進歩主義を唱えるかも知れない。そういう頭でっかちの人だけでなく、普通の人も勝利者史観や進歩主義を鵜呑みにしている。なぜ、そうなるのだろうか。

私は、個々の人々のもち得る時代情報が短いことが原因ではないかと考えている。私個人について考えても、私のもち得るもっとも古い時代情報は祖父母からのもので、せいぜい一〇〇年前のものだ。とくに、現代のように目まぐるしく社会が変わっていく時代では、この時代の情報が膨大となりすぎている。もちろん、ここ一〇年ほどの間に起こった情報革命もある。そして、人々の移動が多いこともご先祖さまからの情報を断絶させているのかも知れない。さまざまな要素があるものの、結果として我々がもち得る時代情報、とくに顔と顔をあわせて伝わる時代情報は「いま」に集中している。

したがって、よほどのこだわりがないかぎり、一〇〇年、一〇〇〇年単位の時代情報、すなわち歴史情報を客観的に見ることはできない。ここに、歴史を客観的に考えるうえでの本質的な困難性がある、と私は思っている。仕方がないといえば仕方のないことだが、もう少し積極的に、しかも客観的に歴史を考えないといけない。それなしには現在の世界的な持続不能状態を認識することはできないし、逆の持続可能社会をイメージすることもできないと私は考えている。

五〇年前まではあった「自然資本主義」

この章の締めくくりとして、私たちのグループが提唱している「自然資本主義」あるいは「バイオリージョナリズム」について、歴史を踏まえて触れておきたい。「自然資本主義（Natural Capitalism）」とは、自然が唯一の資本であること、そしてその資本が生み出す利子のみが経済活動に利用できることを意味した言葉だ。

考えれば当たり前だが、自然が生み出す利子だけを使っていれば元本は常に残る。家庭でも、自治体でも、企業でも、元本を食いつぶす行為は自殺行為としかいいようがない。当たり前すぎるほど当たり前の話なのだが、この原則がいまのところは無視されているようだ。たとえば、石油、ウラン、リン鉱石などの枯渇性資源を食いつぶす経済活動はおっつけダメになる。ダメになるのを承知でやっているのか、自分の生きている間は大丈夫と高をくっているのかは知らないが、現在のような経済システムは五〇年ももたない。すでに元本である資源は底が見えだしているにもかかわらず、いまだに残った資源の争奪戦を繰り広げている。戦争までして……あまりにも愚かで幼稚ですらある。そういう幼稚なことはもうやめて、持続可能な社会システムをまじめに考えましょうという主張がこの自然資本主義なのだ。

この主張を実行するためには、いまの人口規模で可能な生活レベルを規定する必要がある。そして、できるかぎり効率の高い資源利用の技術が必要になる。こうした可能性については第7章で方法論を若干述べたが、自然がもたらす利子のみが使用可能であることは、どうしても認めざるを得ない絶対的な原則と私は考えている。

かつては、資源が無限にあることを想定した経済構造が構築されていたわけだが、「ゼロサム社会」が叫ばれたころからヤバイと気づいていたはずだ。でも、それに対して誰も行動に移さなかった。移さなかったのか、それとも移せなかったのか。結果としては、リオ（一九九二年）からヨハネスバーグ環境サミット（二〇〇二年）までの一〇年間で、世界の環境はさらに悪化してしまったのだ。

また、「バイオリージョナリズム」とは、生態系がもたらす資源で地域をデザインしようという主張である。自然がもたらす利子の大部分は、実は生態系によるものなのだ。石油のような鉱物資源もわずかずつできているだろう。しかし、その量はごくわずかなものであるため期待をしてはいけない。いざ、というときの予備としてとっておくべきだろう。石油の場合、三億年かけてできたものを二〇〇年足らずで使い切ってしまうという放蕩をしてしまったわけだ。二〇〇七年になってから急速に話題に上ってきたバイオ燃料などや、農業などの人為的要素も含めた生態系がもたらす利子だけを使って地域単位で持続社会をつくろうという考えがこのバイオリージョナリズムである。

言葉の説明はこのくらいにするが、このような考えが新しいものかどうかを考えてみたい。言葉としては耳慣れない新しいものかも知れないが、発想は決して新しいものではない。

秋田県の山奥にある部落がある。そこでは、いまでも毎年一定量の木を切って薪や炭をつくっている。もう何百年にもわたって、地元の山でエネルギー源を確保しているのだ。これこそが、持続可能社会のシステムだ。雑木は、おおよそ二〇年経てば大きくなる。毎年、共有林の二〇分の一は薪や炭に使える計算となるわけだが、昔からそうしたことは分かっていた。

いまでは何をつくるにも化学肥料を撒いているが、以前は山で落ち葉を拾って堆肥をつくったりしていた。つまり、持続可能な肥料があったのだ。こうした生活は、ほんの四〇～五〇年前まで確実に行われていた生活様式である。だから、地域の高齢者や四五歳以上ならちゃんと覚えている。したがって、ここ五〇年が特異的だっただけで、それ以前の生活はずーっと自然資本主義に従っていたのだ。

この五〇年がいけなかったのだから戻ればいい。でも、戻れない？　私は、完全に戻る必要はないと考えている。この五〇年で開発されたさまざまな技術のなかでも使えるものはそれなりにある。危ない技術もたくさんあるが使えるものは使って、もう一度、自然資本主義に従った生活をしてみようじゃないか。ちょっとだけハイテクなヤツに換えて。

このように考えていくと、現在の日本の産業構造がいかにいびつかが見えてくる。自然資本主義に立脚した経済構造は、明らかに第一次産業が土台となった産業構造である。地域の自然資源を利用した第一次産業がまずあり、その土台の上に第二次産業が乗り、そしてその上に第三次産業が乗っかるというのが当たり前の姿だ。

しかし、ここ五〇年間で、日本の第一次産業はとくに「農」と「林」が急速に縮小してしまい、外国に行ってしまった。本来、自国内あるいは地域内の自然資源を使うべきところを、他国の自然資源に依存した構造になってしまった。第二次産業は大きく成長したが、それすら一時の出来事で、いまや世界の工場である中国に多くの生産ラインが移転してしまった。最後に残ったのは第三次産業だけで、これがいまの日本の産業構造となっている。どう考えても、自然資本主義とはほど遠い産業構造である。

私は、この際もう一度「士農工商」を再考したほうがいいと考えている。ただ、「工」には二つの意味をもたせる。一つ目は従来通りの「工」、二つ目はエネルギーの「エ」だ。古い人からは「お前は階級の敵か！」なんて言われそうだが、経済の構造を考えるうえで再考したほうがいいと私は考えている。

持続可能社会のイメージを描くのはとても難しい。断片的な要素をこれまでお話してきたが、あとはあなたの住んでいる地域で実際にイメージしていただきたい。つまり、持続可能社会とはこういうものです、といった固定的な（マニュアル的な）イメージは描かないほうがいいとも思っている。なぜって、持続可能社会とは持続可能な小地域が集まってできあがるものであるため、地域ごとに違った形になる多様性に富んだ社会であるからだ。

まずは、あなたの地域の自然資源を分析し、人口シミュレーションを行ってみてほしい。そうすると、何が可能で何が不可能か見えてくるはずだ。あなたの地域の持続可能性は、あなた自身の手でつくることだと思う。

第9章 果たして間に合うのだろうか

急速に少なくなった子どもたち

セヴァン・スズキの言葉を思い出そう

先にも述べたように、私が主宰している「NPO法人地球の未来」は、持続可能社会を構築するための研究と実践をミッションとしている。そして、個人的にも持続可能社会をふまえた生活をめざしている。しかし、NPO法人設立にあたった中心的なメンバーの個人的心情には、「子どものため」という強い思いがあった。

それまで個人として社会の持続不能性を強く感じていた何人かが集まって、NPOを組織した。将来の危機を知りながら無為無策では子どもや孫に何を言われるか分からない、持続可能社会をめざしてできるかぎりのことはしないといけない、という思いをもった何人かが集まったのだ。

その少し前、岐阜県内のNPO関係者が集まって、「ぎふNPOセンター」の設立に向けての活動をはじめていた。私も当初から参加していた。ちなみに、私がNPO活動に参加した理由は、かれこれ二〇年以上も続けてきたライフワークである「認識論」、「意味論」の解明の結論としてのバイオリージョナリズムと、地域の問題を地域で解決するという思想が合致していたからである。結構、理屈っぽくNPOに参加したことになる。

NPOというのは問題解決のための単なる枠組みなので、NPOそのものには何の価値もない。

ＮＰＯという枠組みを使って問題が解決されて、初めて価値を生むのである。だから、極論すれば、ＮＰＯという枠組みには何のこだわりもない。ただ、これまでの行政、企業という枠組みだけではとても解決できない問題が山積しているため、ＮＰＯがきわめてコンビニエンスな枠組みであることは確かだ。

そんなこんなで、かれこれ一〇年近くＮＰＯに関わり続けている。そして、繰り返すが、私の主宰するＮＰＯ法人地球の未来のメンバーが個人的に抱いている心情はあくまでも子ども、そしてその子どものために何とかしようという気持ちである。「お父さんたちは知っていたくせに何もやらなかった！」とは言われたくない一心で、ＮＰＯを立ち上げたのだ。

詳しくはこの後にお話しするが、環境問題などのグローバルな問題が原因で世界がクラッシュすることはおそらく我々の世代ではない。何とかごまかしながらなら、いまの生活をあと数十年は続けることはできるだろう。したがって、私がこの世を去るまでは大丈夫だが、今後、無為無策の場合は、子どもの世代や孫の世代までいけば絶望的な世界が予想されるのだ。

ここで、もしみなさんがまだお読みになっていないのだったら、ぜひお読みいただきたい文がある。一九九二年、リオで行われた環境サミット(1)の席上で、当時わずか一二歳だった日系四世のカナダ人であるセバン・スズキさんの「伝説の演説」だ。世の大人たち、子をもつ我々親たちは、一度は読まなくてはならない文だと思っている。ちなみに、二〇〇七年四月に高校に入学した息子の英語の教科書（文英堂ユニコーン）の「レッスン1」がこの演説だった。

私は、当時一二歳の彼女の勇気、そして行動力に拍手喝采したい。この演説を聴いた世界の首脳は、みな涙を流した。しかし、その後の一〇年間、人類は彼女の演説に何一つ答えることができず、環境問題は悪化の一途を辿ったといっても過言ではない。セバン・スズキの言うことを聞き、一九九二年から人類が社会の方向性を持続可能なものに変えておればよかったのだが……。

一九七二年、すでに分かっていた予測『成長の限界』

論理的な順番からいったら、きっとこれからの話は最初にもって来るべきだっただろう。この世界の持続不能性に関して世界に衝撃を与えた最初の研究成果が、一九七二年に発表されたローマクラブ(2)の『成長の限界』なのだ。

一九七二年、私は高校三年生の受験生だった。当時の状況を思い出すと、日本の高度成長はかなり進んで「もはや戦後は終わった」などと言われた時代だった。そして、大学に入学した一九七三年は第一次オイルショックがあった年だ。その当時のコンピュータ環境を振り返ると、パンチカードが記憶メディアだった。いまから思うと考えられないような状況だが、パソコンなどというものはまったくなかった。電卓すら高嶺の花で、物理実験の実習では、大学生協まで走っていって盗難防止の鎖の付いた電卓で実験結果を計算していたような記憶がある。

実は、私の父は日本初の実用型コンピュータ[3]の設計者で、当時は旧通産省工業技術院の電総研電子デバイス部長という職にあり、今後一〇年以内に電卓は必ず一〇〇〇円以下になると主張して周囲の人々を驚かせていた。ちなみに、このとき電卓は数万円だった。そして、父の言葉通りたちどころに電卓は量産化され、一気に価格は下がった。

そんな時代に、ローマクラブから依頼されたMIT（マサチューセッツ工科大学）のメドウズ[4]たちが、システムダイナミクスという手法を使って世界の将来を予測した。そして、そこで出た結果はたいへんショッキングなものだった。邦訳本も出て、大きな話題を提供した。しかし、な

（1）Severn Cullis Suzuki（一九八〇〜）一九九二年、リオの環境会議で演説を行ったのち、二〇〇二年、米国エール大学（生態学進化生物学科）を卒業。NGO「スカイフィッシュ・プロジェクト」を立ち上げ、環境活動を続けている。日本にも来日している。

（2）（Club of Rome）オリベッティ社の副社長で石油王としても知られるアウレリオ・ベッチェイ（Aurelio Peccei）博士が、資源・人口・軍備拡張・経済・環境破壊などの全地球的な問題対処するために設立したシンクタンク。世界各国の科学者・経済人・教育者・各種分野の学識経験者など一〇〇人からなる。一九六八年四月に立ち上げのための会合をローマで開いたことからこの名称になった。正式発足は一九七〇年三月。

（3）「ETL mark II」といい、上野の科学博物館に展示されてある。

（4）Danella h Meadows（一九四一〜二〇〇二）一九七二年より、「成長の限界プロジェクト」に参加。

んといっても高度経済成長が進み、日本製品が世界に蔓延しだして貿易黒字が膨張していた時分、この世界が数十年で破局を迎えるなどという話は夢物語にすぎなかった。しかし、その後二〇年を経た一九九二年、リオの環境サミットが開催された年に再度行ったメドウズグループのシミュレーション結果は、もはや信じざるを得ないものになっていた。

一九九二年というと、16ビットパソコンが出た時代で、二〇年前に比べてコンピュータ環境は圧倒的に進んでいた。一九七二年のコンピュータシミュレーションでは信用しなかった人たちも、メドウズらがこの年に出したシミュレーション結果は認めざるを得なかった。なぜって、二〇年前にシミュレートしたさまざまなファクターの予測曲線上に、その後の二〇年にわたる人類の活動がぴったり乗っかっていたからだ。これは、予測ではなく結果である。したがって、一九七二年から一九九二年のシミュレーションが正しかったということは何人たりとも認めざるを得ないわけだ。

メドウズらは、一九九二年に『成長の限界――限界を超えて』という本にまとめ、すでに人類が限界を超えて破局に向かっているという警鐘を鳴らした。そして二〇〇四年、さまざまなシミュレーションを加えて今後の人類が選択すべき道程を示した『成長の限界――人類の選択』を出版した。二〇〇五年三月に邦訳が出ているので、興味のある方はぜひお読みいただきたい。

ここでは、世界が今後どのように進む可能性があるかを紙面の都合上、ごく簡単に見ていこうと思う。ショッキングな内容だが、まずは「不都合な真実」を受け入れることが重要だ。

二七〇ページに掲載したシナリオ1（**図21**）は、何もしないで無為に過ごした場合にどうなるかを示したものだ。すでに一九七二年に示されたシミュレーションで、世界に警鐘を鳴らした有名なるグラフだ。上段のグラフは、「人口」、「資源の量」、「工業生産量」、「食糧生産量」、「汚染」の五つのグラフを重ねている。これによれば、すでに食糧生産量はピークを超え、それから少し遅れて人口の減少がはじまる。また、もう少しすると工業生産量もピークを迎えるが、これは資源の減少が急速に進むためである。そして、汚染のピークは少し遅れてやって来ることになる。

中段のグラフは物質的な生活水準を示したものだ。一人あたりの消費財、食糧、サービス、そして寿命も、二〇二〇年あたりをピークとしてその後は低下していく。二〇二〇年といえばもう少しである。

下段のグラフは、生活の豊かさとエコロジカルフットプリントを示している。この内、生活の豊かさ指数は中段のグラフの総合のようなものだ。では、エコロジカルフットプリントとは何かというと、人類の生活が地球何個分かを示した数字だ。すでに、一九九〇年あたりで「1」を超えているといわれている。「1」を超えるということは、この地球が一個では間に合わなくなっ

図21　シナリオ１——参照シミュレーション

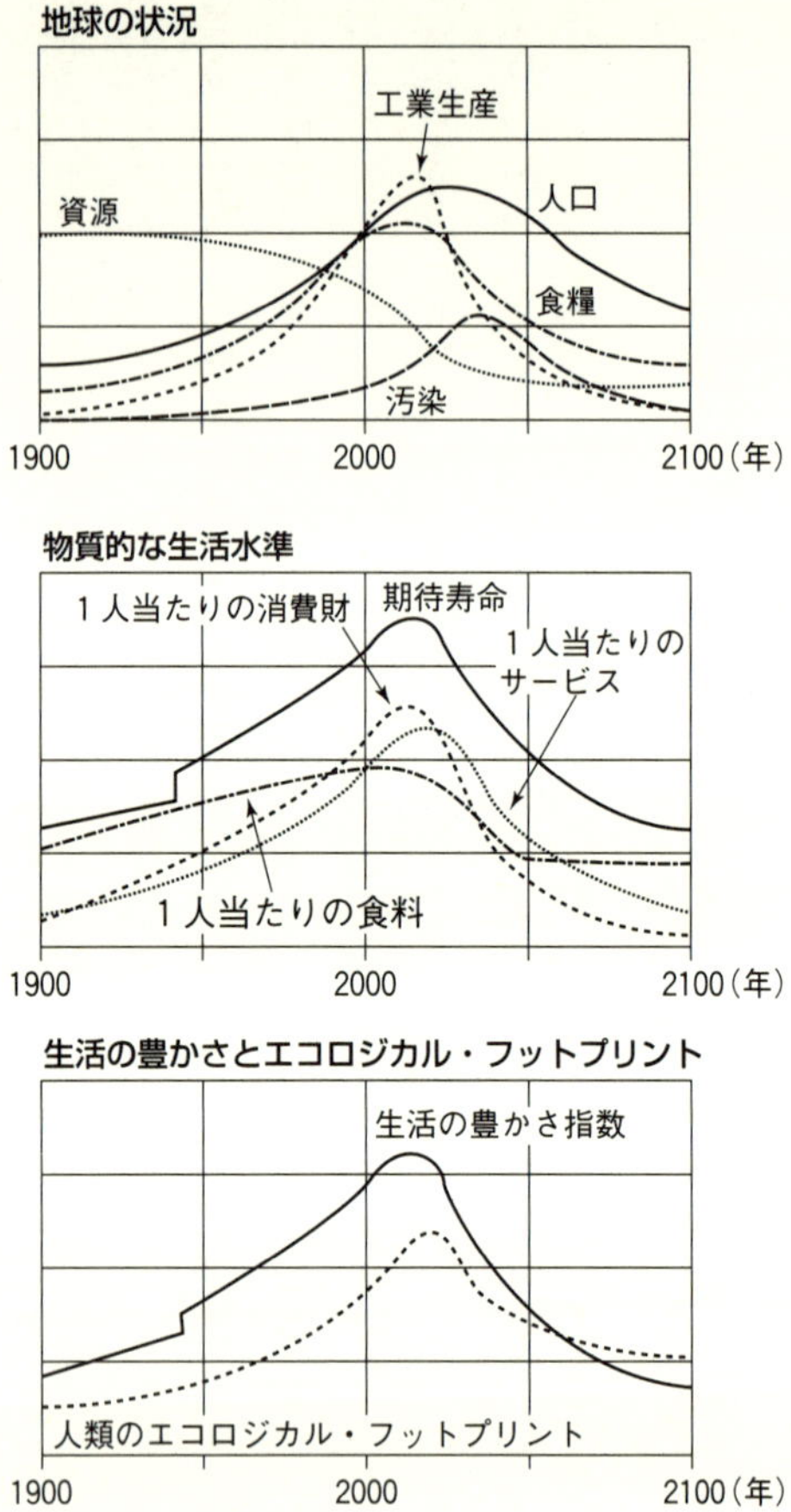

世界は、20世紀のほぼ全期間に追求されてきた政策からあまり大きく変更せず、これまでと同じように進んでいる。人口と工業生産は成長を続けるが、再生不可能な資源が次第にアクセスしにくくなることで、成長が止まる。資源のフローを維持するために必要な投資が加速度的に増え、最終的に経済の他部門への投資資金が欠乏することから、工業製品とサービスの生産が減り始める。それとともに、食糧や保健サービスも減退し、期待寿命が低下し、平均死亡率が上昇する。

出典：『成長の限界——人類の選択』ダイヤモンド社、2005年

たという意味である。ちなみに、いまの日本人の生活は、日本の国土六つ分の生活をしているといわれている。私を含め、許し難いほどの贅沢をしているということで、言い方を換えれば他国の国土にかなり依存しているということだ。このエコロジカルフットプリントが「1」を超えること自体、世界の持続不能性を明確に表しているといえる。まずは、この状況を明確に認識する必要があるだろう。

最早、「神の見えざる手」で世の中が最良の方向に向かうなどという戯言《たわごと》は、絶対に通用しないことを分かって欲しい。では、何をどうすれば世界は持続可能に導かれるのだろうか。メドウスは、九種類のシナリオ（シナリオ2～10）により我々に指針を与えている。以下、これらのシナリオ群を概観してみよう。

●シナリオ2　再生不可能な資源がより豊富にあった場合

シナリオ1で仮定した再生不可能な資源の賦存量を二倍にしさらに、資源採掘技術の進歩によって、採掘コストの上昇開始を遅らせることができると仮定すると、工業は二〇年長く成長できる。人口はかなりの高い消費水準で二〇四〇年に八〇億人でピークに達する。しかし、汚染レベルは急増し（グラフを突き抜けている!）、そのため土地の収穫率が落ちるので、農業の回復のために膨大な投資が必要になる。食糧不足と汚染による健康への悪影響の

ため、最終的に人口は減少する。（『成長の限界——人類の選択』図4－12の解説部分より）

●シナリオ3　入手可能な再生不可能な資源がより多く、汚染除去技術がある場合

このシナリオでは、シナリオ2と同じように、豊富な資源提供があると仮定する。また、汚染除去技術がしだいに効果を発揮し、生産単位当たりの汚染を二〇〇二年から年四パーセントまで削減できると仮定している。このため、汚染による悪影響が少なくなり、二〇四〇年以降も、多くの人がずっと高い生活の豊かさを得られる。しかし、最後には食糧生産が減り、工業分野から資本を吸い取り、崩壊をもたらす。（前掲書、図6－1の解説部分より）

●シナリオ4　入手可能な再生不可能な資源がより多く、汚染除去と土地の収穫率改善の技術がある場合

汚染除去に加えて、土地面積当たりの収穫率を大きく改善する一連の技術を導入すると、集約度の高い農業によって土壌の喪失が加速される。減少の一途をたどる土地から、より多くの食糧を生産しなくてはならなくなるが、これは持続可能ではないことがわかる。（前掲書、図6－2の解説部分より）

●シナリオ５　入手可能な再生不能な資源がより多く、汚染除去、土地の収穫率改善、そして土地浸食軽減の技術がある場合

すでに実施されている農業の収穫率改善や汚染除去のための施策に加えて、土地浸食軽減技術が実施される。その結果、二一世紀末の崩壊がやや先送りになる。（前掲書、図６－３の解説部分より）

●シナリオ６　入手可能な再生不可能な資源がより多く、汚染除去、土地の収穫率改善、土地浸食軽減、そして資源の効率改善の技術がある場合

汚染除去、土地収穫率の改善、土地浸食軽減、再生不可能な資源の効率改善にかかわる強力な技術を同時に開発した場合である。こうした技術はすべて費用がかかり、全面的な実施までに二〇年かかると仮定されている。これらを組み合わせることによって、かなり大きく繁栄するシミュレーション世界をつくり出すことができる。が、そのうち、技術の総費用に反応して、生活の豊かさの水準が減退しはじめる。（前掲書、図６－４の解説部分より）

残念ながら、シナリオ２～６は、採用できないことがシミュレーションより分かっている。持続可能社会へのさまざまな要素を付加したシナリオ６ですら、世界は持続可能にはならないのだ。

さらに、これらのシナリオには以下のような楽観的な前提が入っている。こうした前提自体、奇跡でも起こらないかぎり厳しいものである。

①戦争がないこと。
②新しい技術は俊敏に世界全体に拡がる。
③市場は完全に、しかも俊敏に機能する。
④政治も完全に、しかも俊敏に機能する。
⑤再生不可能資源は現在の二倍ある。

さて、これまでのシミュレーションを分析すると以下の教訓が得られる。この教訓はたいへん重要なので、充分に認識する必要があると思う。

❶複雑で有限な世界では、一つの限界を取り除いたり引き上げたりして成長を続けようとしても、また別の限界に突き当たる。
❷社会が経済的・技術的能力を発揮し限界を先送りするのに成功すればするほど、いくつもの限界に同時にぶつかる可能性が高くなる。

〜

●シナリオ7　世界が二〇〇二年から人口を安定させるという目標を採り入れた場合

このシナリオでは、二〇〇二年からすべての夫婦が子どもの数を二人に制限することにキメ、効果的な避妊技術が使えるものと仮定する。年齢別人口構成の勢いがあるため、人口はもう一世代の間、成長を続ける。しかし、人口増加がより緩やかであることから、工業生産の増加は速くなる。そして、シナリオ2と同じように、汚染の上昇に対処するコストによって、成長が止まる。(前掲書、図7―1の解説部分より)

●シナリオ8　世界が二〇〇二年から人口と工業生産を安定させるという目標を採り入れた場合

望ましい家族の規模を子ども二人に決め、一人当たりの工業生産の目標を固定すると、シナリオ7で二〇二〇～四〇年の間続いたかなり高い生活の豊かさを享受する「黄金時代」を幾分延長することができる。しかし、しだいに汚染が農業資源に圧力をかけるようになり、一人当たりの食糧生産は減少し、最終的には期待寿命や人口も低下する。(前掲書、図7―2の解説部分より)

シナリオ7とシナリオ8は、人口と物欲を抑制するシナリオで、清く正しい「清貧」のイメージである。しかし、残念ながら、シミュレーションの結果は持続可能社会を示してはくれない。

図22　シナリオ９——世界が2002年から人口と工業生産を安定させるという目標を採り入れ、かつ、汚染、資源、農業に関する技術を加えた場合

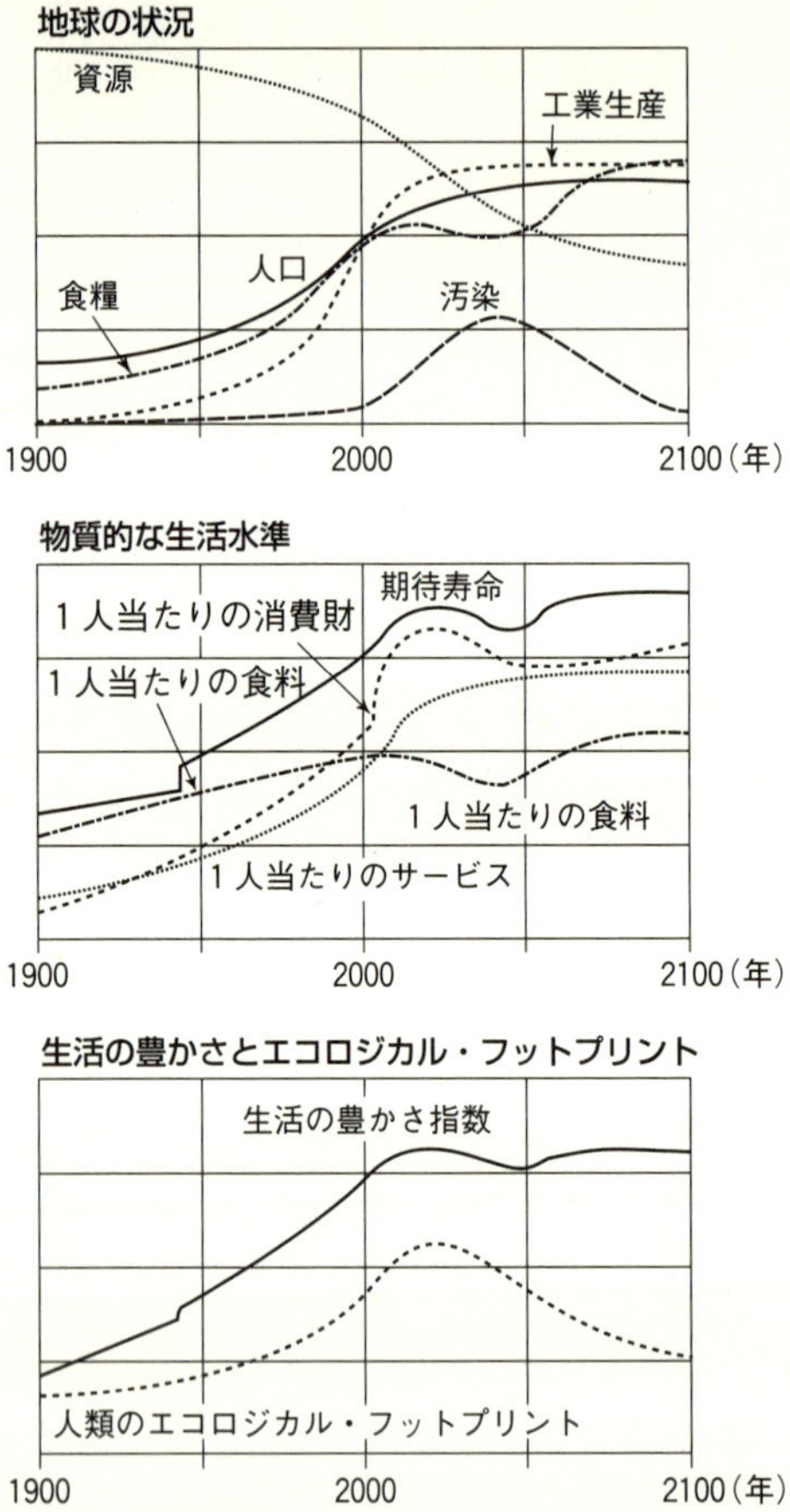

人口と工業生産は、シナリオ８のシミュレーションと同じように制限し、加えて、汚染を除去し、資源を保全し、土地の収穫率を改善し、土壌浸食軽減の技術を実施する。その結果、社会は持続可能になる。80億人近い人々が、高い生活水準を保ち、継続的にエコロジカル・フットプリントを減らしながら暮らしている。

出典：『成長の限界——人類の選択』ダイヤモンド社、2005年

ようやく登場したまともなシナリオが、**図22**のシナリオ9である。三つのグラフをご覧いただきたい。二一〇〇年を下向きに通過する線は汚染とエコロジカルフットプリントだけで、あとの線はほぼ水平を保っている。少々気になるのは、資源の線が少し下向きなことである。これは、再生不能資源（枯渇性資源）の量なので致し方ない。完全な形にするためには、枯渇性資源には手を付けずに再生可能資源だけを使う経済に移行することだが、いままで見てきたシナリオにはその部分が入っていなかった。

いずれにせよ、あらゆる技術を使って、なおかつ人口を抑制し、物欲を抑制して、初めて持続可能社会が見えてくるのである。エコロジカルフットプリントは二一〇〇年に一九七〇年レベルになり、したがって地球一つ分より小さくなっている。しかし、生活の質は徐々にだが向上している。

このシミュレーションが意味するところは、「やろうと思えばできる」ということである。しかし、シナリオの表題が示すように、二〇〇二年からすべての施策をはじめた場合のシミュレーションであることを忘れてはならない。これまでお話してきたシナリオのある部分は、すでにスタートしている。人口抑制にしろ、資源の有効利用にしろ、ある程度は進んでいるのだ。しかし、世界が一丸となってこの方向に進んでいるかといえば決してそうではない。現に、一九九二年のリオ環境サミットから二〇〇二年のヨハネスバーグまでの世界の環境は決してよくなったわけではなく、その傾向がいまも続いているのだ。ようやく今年になってから世界的に大きな動きが出てきたものの、遅きに失した感は否めない。でも、諦めずにやるしかないだろう。

もう一度お話しておくが、無為無策の状態で世界がクラッシュするといってもあと数十年後である。私の世代は何とかセーフだが、滝つぼに子どもや孫を落とすわけにはいかないのだ。いまという時代に生きる同時代人として、しかも社会で責任ある年代の我々としては、是が非でもクラッシュを避けなければならない。少々大げさなことを言ったかも知れないが、これが私の本心である。

●シナリオ10　シナリオ9の持続可能な社会をつくる政策を二〇年前の一九八二年に導入した場合

このシミュレーションでは、シナリオ9に盛り込んだすべての変化を反映するが、二〇〇二年ではなく一九八二年にその政策が実行されたと仮定する。二〇年速く持続可能な社会へ向かって動き出すことによって、最終的な人口は少なく、汚染も少なく、持続不可能な資源の残存量は多く、すべての人がやや高めの平均的生活の豊かさを享受できる。（前掲書、図7－4の解説部分より）

さて、最後のシナリオ10は、「もっと早くやってたら楽だったのに！」というものだ。一九八二年、リオの年の一〇年前から人類が一丸となってシナリオ9を実行していた場合のシナリオだ。一九八二年からすでに二五年以上経ってしまったいまとなってはこのシナリオは意味をなさないが、もし実行していれば、二〇〇七年の現在、人類は優雅なる持続可能社会に突入できたのだ。

そして、このシナリオは一つだけとても重要なことを物語っている。早く実行すればするほど楽に持続可能社会に到達できるのだが、ちょっとでも遅くなるともはや取り返しがつかない状態になるということだ。

ここまでお読みいただいた皆さん、もしこのシナリオを信じられるのならできるだけ早く行動を開始して欲しい。まだ時間があることを信じて。

持続可能社会を考えるうえでのタイムスパン

さて、メドウズのシミュレーション、皆さんはどのように感じられただろうか。学者のなかには否定的な意見を言う人もいるが、未来のことは別としても、すでに限界を超えてしまっていることを認めない人はいないだろう。とはいえ、不都合な事実を無視する人、つまりこのような事実を無視する人が世の中にはたくさんいらっしゃる。それらの人を正面から非難する前に、このタイプの人を分析してみよう。

このタイプの人たちというのは現在の世の中を支配している人たちで、セクターでいえば行政（政府）と企業である。なぜ、この人たちが事実を無視するのか、その理由が分かれば対処の方法があるというものだ。敵を知らずして闘うのは無謀というものである。

私はこれまで、持続可能社会についてそれなりに多方面から分析してきた。グローバルな現象面における分析は、いまお話ししたメドウズが精密な分析をしている。ローカルな状況に関しては、とりあえず合併前の岐阜県旧九九市町村の耕地、林地分析（食の自給可能性、木質バイオマス発電での電力自給可能性）、財政分析、人口シミュレーションなどはすでにやった。そして、おおよその目処《めど》はついた。

しかし、ここまでは単なるデータの世界で、ここからがたいへんだ。人を動かさないといけないからだが、その人（地域住民）は危機感がないからなかなか動かない。なぜ危機感がないのかについてはこれまでに多少お話したが、もう少し突っ込んで考えることが必要だと思っている。危機感がない主要な原因は、「人生のなかでいまが一番幸せ」と思っているご老人たちで地域が溢れているからだが、危機的状況を一応把握している人も結構いるし、霞ケ関の人たちはおそらくかなりの高い確率で知っているだろう。そして、企業のなかにも危機を感じている人がたくさんいるはずだ。では、なぜ動けないのか、ここが問題である。そこで私は、タイムスパンについて考えてみることにした。

皆さんは、何年先を予想して毎日の生活を過ごしているだろうか。今日の夕食のメニューを考えているレベルだとせいぜい一日。来週まではいまの仕事をやっつけないとと思っている人は一週間。四半期ごとの営業実績で右往左往する企業人は三か月。単年度主義にとらわれている行政マンは一年。そして、次の選挙が気になる議員の先生方のタイムスパンは四年もしくは六年である。

皆さんは、この内のどの人種だろうか。一日から四～六年間まで、さまざまなタイムスパンで活動している人たちがいる。農業従事者はどうかというと大体一年だが、林業となると、最低で七〇年、一〇〇年という人もざらにいる。

さて、持続可能社会を考えるうえでのタイムスパンは最低どのくらいだろう。私の知り合いで、「千年持続学会」(5)という名のグループを形成している人たちがいる。この人たちに言わせると、持続社会を考えるうえでのタイムスパンは一〇〇〇年単位でないと意味がないという。なぜなら、強引に続ければいまの生活をあと一〇〇年は続けられるからである。彼らは、すでにクラッシュ

(5)　赤池学、沖大幹、渋沢寿などの各氏が活動している。『千年持続社会』(社団法人資源教会編、日本地域社会研究所、二〇〇三年)などを刊行している。

しかかっている地球を正常に戻すためには数百年はかかると考えているようだ。

確かに、そうかも知れない。しかし、それではいま生きている個々の人間が責任を取れる時間はどの程度だろう。私の知るかぎり、香港を返還したイギリスが果たした九九年という約束が最長といったところだろうから、まあ一〇〇年だろう。このくらいなら何とか実感をもって考えられるので、私個人はとりあえず一〇〇年と思っている。

第三～四次のＩＰＣＣ報告書に描かれている二酸化炭素排出削減のシミュレーションによれば、最良の状態で（二酸化炭素濃度を約四五〇ｐｐｍに抑えるシミュレーション）気候変動終結の時期が二〇九〇年である。したがって、約一〇〇年だ。なお、このシミュレーションでは二〇九〇年までに二酸化炭素の排出量を八〇パーセント以上減らす必要がある。そして、ＩＰＣＣ第四次報告で出た結論である二〇五〇年までに五〇パーセント以上削減するという数字は、このシミュレーションの曲線上の通過点なのだ。

では、一〇〇年先の社会をデザインして実践できるセクターがあるのだろうか。先ほど見たように、残念ながらない。ここが問題なのである。現代の社会を牛耳っている企業と行政というセクターには、残念ながら一〇〇年先をイメージして行動する「原理」がない。したがって、この二つのセクターは組織の性質上まったく当てにならない。では、誰がやったらいいのか、あるいは誰ならやれるのだろうか。ＮＰＯにそれだけの力があるのか。期待は大きいが、いまの状態であれば大きな疑問符を出さざるを得ないというのが現状である。

一つ忘れていた。政治家の先生が何とかしてくれるかも知れなかった。先ほどの考察のなかでは、政治家のタイムスパンは四〜六年と最長だった。一〇〇年先の青写真を描き、選挙民の合意を形成してくれるスーパーマンのような政治家がいないともかぎらない。しかし、多くの政治家は利益団体のアッシーとなっており、多くは望めまい。これも、残念な現状である。

では、一体どうしたらいいのか。このままでは持続可能社会は単なる絵に描いた餅でしかない。そこで考えた答えが若者だ。

ＮＰＯ法人地球の未来がＩＰＣＣに先駆けて提言した、二〇五〇年に五〇パーセント排出削減をめざす「チーム50－50」（環境省、二〇〇六年度、ＮＰＯ／ＮＧＯ・企業の環境政策提言で受賞）には、是非とも若い人たちに参加して欲しいと思っている。環境問題の第一のステークホルダーは、我々ではなく子どもたちだ。ゆえに、一〇代の人たちから大いに参加して欲しいと思っている。

私の長女が勤めている学習塾では、何と小学生相手にＩＰＣＣの第三次報告を題材とした文章を教材としていた。また、先にも記したように、高校一年生の長男は英語の授業ですでにセバン・スズキの「伝説の演説」を原文で読んでいる。若い人ほど、危機に対する情報をもっているのだ。若者が束になって主張し、それを我々の世代や親の世代が後押しをする。親の世代は、タイムスパンの短いさまざまなセクターでがんじがらめになってはいるが、一人の親としての責任を感じて行動して欲しいと考えている。

ちなみに、環境先進国といわれているスウェーデンでは、すでに何年も前から大人に対する環境教育はコストパフォーマンスが低すぎるのでやめたそうだ。

「欲」は抑制できるか?

大人を無視して子どもに託すという無謀な計画、皆さんはどう思われるだろうか。ここでは、本来の大人と子どもの違いを考えてみることにする。キーワードは「欲」である。

すでにメドウズのシミュレーションでお話したように、欲を抑制することが持続社会構築への不可欠要素なのである。実はこれが、いまの世の中で一番難しいことかも知れない。なぜなら、いまの世の中、すなわち自由主義経済の世の中では、人間の新しい欲をいかに開発するかがビジネスとなっているからだ。すでにモノは満ち溢れ、もうこれ以上何もいらないと私は考えているが、企業は私の射幸心を煽るようなかっこいい商品をたくさん考えだしてくる。これを浮世の修行というのかも知れないが、テレビに犯されやすい子どもなどはあっという間に洗脳されてしまう。

第三の心理学をつくられたアブラハム・マズロー[6]によれば、人間は真善美に至る高尚なる欲求を誰でももっていることになる。それはそうかも知れないが、マズローが言う通り、真善美を頂点とするいわゆる欲求ピラミッドは弱い上昇欲求の場に置かれているのだ。だから、いかに高尚な欲求をすべての人が内包していても、そこまで届かない人が大多数なのだ。そして、それを強引なる戦略（巧みなＣＭなど）をもって見事に阻止するのが自由経済社会なのだ、と私は考えている。断っておくが、私は共産主義者ではない。

豊かさの時代などと言われて久しいが、いまだに精神的豊かさではなく物欲を追い続ける人が多い。社会構造がそうなのだから致し方ないと言ったらそれまでであるが、飽食の時代はそろそろ終わりにしないといけない。そこで、次のような決定的な言葉をご紹介しようと思う。だいぶ前になるが、渋沢寿一さん（ＮＰＯ法人樹木・環境ネットワーク理事長、澁澤財閥末裔）が次の言葉であるコラム（「自然とともに平和をつくる」、『現代農業』二月増刊所収、農文協、二〇〇二年）を締めくくっていた。

「欲をコントロールできない社会は子供の社会である」

（6）Abraham Harold Maslow（一九〇八～一九七〇）アメリカの心理学者。「人間性心理学」のもっとも重要な生みの親とされている。精神病理の理解を目的とする精神分析と人間と動物を区別しない行動主義心理学の間の、いわゆる「第三の勢力」として心の健康についての心理学をめざし、人間の自己実現を研究するものである。

足るを知ることのない社会、これが資源を食い尽くそうとしている子どもの社会、餓鬼の社会なのだ。したがって、いまの経済システムだけで持続社会を構築するのは無理のような気がしてならない。

短期的に見れば、グローバル経済への対応は大企業なら不可欠だ。しかし、それと同時に地域のコンパクトな経済システム、足るを知ることの可能な経済システムを急いでつくらないと持続可能社会への道は間違いなく閉ざされるだろう。

「バックキャスティング」の重要性

スウェーデンのNPOである「ナチュラル・ステップ」は、最終目標を決めてから改善に取り掛かる手法を提唱している。この手法を「バックキャスティング」という。現状がまずいと思っている人や行政、企業などのセクターは多いが、このヤバイ現状から一歩進めばそれでいいのかというと決してそうではない。場当たり的な改善策は、時として無駄な場合もあることを皆さんはご存知のはずだ。

具体的にいえば食糧自給率である。日本のいまの状況（自給率四〇パーセント）があまりにも低いので、まずは五パーセントぐらいは上げようと考えるのが人情だが、こうした施策は成功し

図23　バックキャスティング

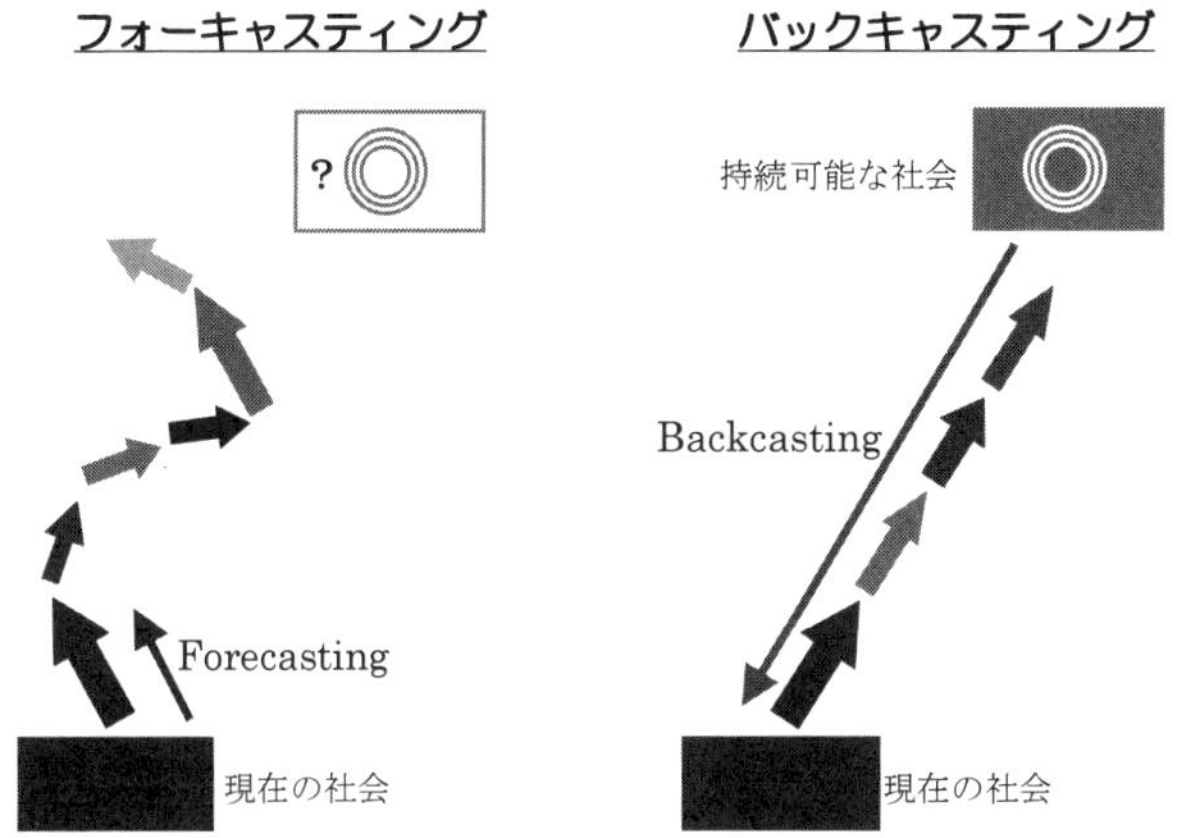

出典：『スウェーデンの持続可能なまちづくり』新評論、2006年、11ページ。

たためしがない。まずは理想状態、つまり食糧自給率でいえば一〇〇パーセントを理想として行動計画を立てる必要がある。また、二酸化炭素濃度であれば、いまの人類が成し得る最高の状態は四五〇ｐｐｍに抑えることである。これを目指そうというのがバックキャスティングだ。この最終目標の決定があれば、あとは遡って、二〇五〇年には五〇パーセント以上、二〇二〇年には最低二〇パーセント削減するというプランが立てられる。

食糧自給率の五パーセント上昇や二酸化炭素の排出量六パーセント（日本が京都議定書で国際社会に約束した数字）削減などという施策は明らかにフォーキャスティングで、単なる現状打破的な施策でしかない。したがって、バックキャスティングを採用して地域における持続可能社会の青写真を描かなければならない。地域にとって大切なことは、まずこの青写真を誰かが描くことである。そして、この青写真に対して地域全体の合意が得られれば具体的な施策をスタートすることができる。これが実は、今後のリーダーの最大の仕事だと私は思っている。

持続可能社会を可能とする精神的基盤

さて、これまでさまざまなことをお話してきたが、もう一言だけお話ししたいことがある。これからお話しすることは、持続可能社会を可能とする条件として、もしかしたらもっとも重要なことかも知れない。その前に、少々脱線し、欲の問題のところで登場した渋沢寿一さんの簡単な紹介をしたいと思う。

渋沢さんは私の兄の親友で、しかも私の小中高の先輩である。したがって、四五年という長い付き合いになる。若いころから一貫して持続可能社会構築に関わってきた人で、大学時代は完全循環型の農業をめざして実践をした。その後、水の完全循環を目指してハウステンボスを造った。しかし、バブルという時代の流れのなかで過剰な資金が集まりすぎて、システムを高度化し過ぎたという反省もあったようだ。

現在は、澁澤栄一氏の孫である敬三氏（日本銀行総裁、大蔵相など歴任）が進めていた民俗学研究のフィールド（ほとんどが山奥のどん詰まりの集落）を題材として持続可能社会のあり様を伝えるとともに、その帰結としての森林の重要性を説く「ＮＰＯ法人樹木環境ネットワーク」の理事長をしている。すでにお話した森林の問題、金毘羅さまと塩のつながりなど、渋沢さんをリソースとしたものがこの本にも結構含まれている。

その渋沢さんをお呼びして、「なごや環境大学[7]」で講演してもらった。そのときに渋沢さんが言っていた言葉を紹介して筆を置こうと思う。

「持続可能社会を可能にする精神的基盤は、その土地で一生を終えようとする覚悟である」

もし、みなさんの周囲で持続可能社会を論じている人がいたら、まずこのことに注目して欲しい。その人が自分の地域にしっかりと根を張り、そこで一生を終える覚悟のある人かどうかを観察して欲しい。この覚悟のない人が言うことは当てにしないほうがいい。そして、この覚悟のある人の言うことは、たとえ間違っていても耳を傾ける包容力をもって欲しい。

（7）　私が副理事長を務めるＮＰＯ法人地域の未来・志援センターが受けもっている「二〇〇七年前期　地域デザインスクール」。

振り返って地域を眺めると、ほとんどの人がこの覚悟をもって日々生活していることが分かる。だから、ここにはコミュニティが存在するのだ。会社の都合であっちこっち飛ばされたり、より条件のよい地域を見つけて住もうとしたりする都会的人種には持続可能社会は想像すらできない世界だし、また想像して欲しくもない。

もし、あなたが生活の糧を求めて都会に移住した人ならば一〇〇歩譲ってそのことを認めよう。また、もしかしたら、あなたは大学へ進学するために都会に出た人かも知れない。それも大いに認めよう。しかし、できるなら、定年後、大学卒業後、あるいは都会での仕事を経験した後、もう一度生まれ故郷に戻って地域のために尽くして欲しい。国民的愛唱歌である『ふるさと』を思い出して。

あとがき

　思い返せば、すでに三〇年以上も前から、科学そのものに対するもやもやとした懐疑が私にはあった。その懐疑の根底に横たわるもの、それが意味論、認識論であることが分かったのは二〇年ほど前である。そして一五年ほど前、ひらめきといえば大げさだが、それまでのもやもやが消え、頭のなかがすっきりしたことを覚えている。

　それ以降、このひらめきを検証する日々がいまも続いている。そして、幸いにもいまのところ、このひらめきを否定する言説に出合ったことがない。一四年前、恵那の片田舎に移住したが、自然のなかに暮らすようになり、このひらめきに対する自信は増殖を続けている。

　さて、本書は自作のドームでの生活、田舎での生活を通して、現代社会の問題点、持続可能社会構築に対するヒント、そして一五年ほど前のひらめきを少しだけ書かせていただいたものである。本書をお読みいただき、フラードームに関心をもたれた方、いっそ建ててみるかと思った方がいるかも知れない。しかし、ドームなど所詮「もの」であり「こと」の本質ではない。「こと」の本質は、いかにして持続可能社会をつくっていくかである。そして、世の中を持続不能にした原因が近代西洋の「言語至上主義」、そして「歴史的勝利者史観」、「進歩主義」、さらには、聞こえはいいが実際は人間中心主義である「ヒューマニズム」にあるということが「こと」の本質である。科学者はいまだに要素還元主義にとらわれ、技術者たちはテクノロジーが世界を変えると妄信している。このような人たちは、ひとまず『大衆の反逆』（オルテガ）あたりをお読みになり、自分たちのスタンスを確かめるべきだろう。

こうした誤りの多い思想に基づく社会は、二〇〇年足らずで破局を迎えようとしている。そして、その対極にある思想がアジアの哲学である。仏教では古来、関係性のなかにしか個は存在し得ないとする要素還元主義とは逆の思想や、生きとし生けるもの在りとし在るものはすべて平等という生態系的自然認識を基礎としてきた。これこそが、二一世紀に生きる我々に必要な哲学であり、思想的東洋の優位はいまや明白である。

二〇〇七年四月、私の地域再生活動の若い仲間である水野馨生里さんを仲介して、新評論の武市社長にお会いする機会を得た。水野馨生里さんは、すでに『水うちわをめぐる旅』という素敵な本を新評論から出している新進気鋭の作家（活動家？）である。いままで自家出版（自分でコピーし製本）で二冊ほど本をつくった経験があるが、一流の出版社から本を出すこと、しかもプロの編集者がついて本を出版できること、これは私の夢であった。その夢を、水野馨生里さんがもってきてくれた。

　五月になり、武市さんはわざわざ恵那まで来てくださった。武市さんには丸一日かけて、出版に関するさまざまなノウハウ、出版界の置かれている現状などをレクチャーしていただいた。その後、ほぼ一か月で書き上げたのが本書である。恵那の春は遅い。遅い春は一気に、そして村中を覆う。そんななかで書いていった。


　いまは夏の終わり。記録的な猛暑、地震による柏崎原発火災と情報隠蔽、迫り来る地球温暖化と政府の腰の引けた防止策に対する非難……現在進行中の社会の動きは注視せざるを得ないことばかりである。そして、こうした諸問題を解決する方法は、持続可能な地域をていねいに一つずつ構築していくことだけであると確信している。国際社会や霞ヶ関に直接アタックする手間隙を考えたら、自分の住む地域をいかにして持続可能にするかを考えたほうがいい。これは逆に、国際社会や霞ヶ関を変える最大の戦略である。

　そういう文脈のなかで、文字通り地に足の付いていない、土から離れてしまった都会の方々の言説は浮ついていると言わざるを得ない。そして、いまだ右肩上がりの経済を前提として持続可能性を追求しようとしている方々にも、重大な疑義を提示せざるを得ない。右肩上がりという属性そのものが持続不能の最大因子であることは、赤子といえども容易に理解可能な理屈である。

一応書き終わって読み返してみると、舌足らずな部分があまりにも多く、文才のなさにあきれるばかりである。また、書いている間にも世の中はどんどん進み、時代の過渡的状況を感じざるを得ない。ようやく世の人々は迫り来る危機を感じてきたようで、本書が世に出るときには、「何だ、当たり前のことしか書いてないじゃないか!」と思っていただければ世の中の進歩は確定的であり、法外の幸せと言えるだろう。

巻末ではあるが、本書の出版に対して多大な援助をしてくださった新評論社長武市氏、そして武市氏を紹介してくださった水野馨生里さん、さらには水野馨生里さんを紹介してくださった蒲勇介君に謝意を表したい。また、よそ者の我々家族を温かく迎えてくださった恵那市三郷町の皆さま、私のNPO活動を支えてくださっている多くの会員の皆さまにも謝意を表したい。そして最後に、幼少より、私を意味論、認識論の茶の木畑に誘ったいまは亡き父に感謝したいと思う。

最後までお読みいただき、本当にありがとうございました。きっとお疲れのことと思いますので、まずは目を閉じて、生まれ故郷の山河を思い出してください。

二〇〇七年　八月

駒宮博男

《書籍紹介》

（以下は、私の考えの基になっている本です。あるいは、自分の考えがまとまってからそれを確かめるために読んだ本です。あまり本は読まないつもりなのですが……。）

哲学・科学批判関係

・井筒俊彦『意味の深みへ』岩波書店、一九八五年
・井筒俊彦『意識と本質』岩波書店、一九九一年
・井筒俊彦「事事無碍法界・理理無碍法界　存在解体の後」『思想』七三三・七三五、岩波書店、一九八五年）
・平山朝治『社会科学を超えて』啓明社、一九八四年（絶版）
・平山朝治『ホモ・エコノミクスの解体』啓明社、一九八四年（絶版）
・平山朝治『日本らしさの地層学』状況出版、一九九三年
・栗本真一郎『意味と生命』青土社、一九八八年
・M・ポランニー／佐藤敬三訳『暗黙知の次元』紀伊国屋書店、一九八〇年
・小笠原誠『ポパー　批判的合理主義』講談社、一九九七年
・カール・ポパー／内田詔夫、小笠原誠共訳『開かれた社会とその敵（1）、（2）』未来社、一九八〇年

・カール・ポパー／大内義一・森博共訳『科学的発見の論理（上・下）』恒星社厚生閣、一九七一・一九七二年
・ヴィトゲンシュタイン／藤本隆志・坂井秀寿訳『論理哲学論考』法政大学出版局、一九六八年
・ポアンカレ／吉田洋一訳『科学と方法』岩波書店、一九五三年
・ポアンカレ／吉田洋一訳『科学の価値』岩波書店、一九七七年
・レヴィ・ストロース／大橋保夫訳『野生の思考』みすず書房、一九八六年
・広松渉『科学の危機と認識論』紀伊国屋書店、一九七三年
・浅田彰『構造と力』勁草書房、一九八三年
・北沢方邦『近代科学の終焉』藤原書店、一九九八年
・ポール・デービス他／松浦俊輔訳『物質という神話』青土社、一九九三年
・中村　元『東と西のロジック』青土社、一九九三年）
・中村　元『原始仏典』筑摩書房、一九八〇年
・ルソー／小林善彦訳『人間不平等起源論』岩波書店、一九七四年
・河合隼雄『ユング心理学と仏教』岩波書店、一九九五年
・和辻哲郎『風土　人間学的考察』岩波書店、一九七八年

・オルテガ・イ・ガゼット／神吉敬三訳　『大衆の反逆』（ちくま学芸文庫）筑摩書房、一九九五年
・埴谷雄高　『生命・宇宙・人類』角川春樹事務所、一九九六年
・駒宮博男　『categorization』自家編集、一九九八年

自然科学関係

・ロジャー・ペンローズ／林一訳　『皇帝の新しい心』みすず書房、一九九四年
・ロジャー・ペンローズ／竹内　薫、茂木　健一郎共訳　『ペンローズの量子脳理論』徳間書店、一九九七年
・ミッシェル・ワールドロップ／田中三彦・遠山峻征訳　『複雑系』新潮社、一九九六年
・ジョン・キャスティー／佐々木光俊訳　『複雑系とパラドックス』白揚社、一九九六年
・ブライアン・グリーン／林一・林大訳　『エレガントな宇宙』草思社、二〇〇一年
・デビッド・ドイッチュ／林一訳　『世界の究極理論は存在するか』朝日新聞社、一九九九年
・イアン・スチュアート／吉永良正訳　『自然の中に隠された数学』草思社、一九九六年
・レイモンド・スマイリアン／長尾確・田中朋之共訳　『決定不能な論理パズル』白揚社、一九

九〇年
・ロドリゲス・コンスエグラ／好田順治訳　『ゲーデル未完哲学論稿』青土社、二〇〇一年
・イアン・プリゴジン／安孫子誠也・谷口佳津宏共訳　『確実性の終焉』みすず書房、一九九七年
・駒宮安男　『メタ・コンピュータ』河出書房、一九七〇年
・駒宮安男　『コンピュータ基礎論』昭晃堂、一九七五年
・ホーキング／林一訳　『ホーキングの宇宙を語る』早川書房、一九九五年
・堀淳一　『エントロピーとは何か』講談社、一九七九年
・養老孟司　『カミとヒトの解剖学』法蔵館、一九九二年
・多田富雄　『生命の意味論』新潮社、一九九七年
・松井孝典　『地球・宇宙・そして人間』徳間書店、一九八七年
・ジェレミー・リプキン／竹内均訳　『エントロピーの法則（Ⅰ）（Ⅱ）』祥伝社、一九八二年
・千年持続学会　『資源の総合利用に関する調査』社団法人資源協会、二〇〇二年
・John Hogan　『The End of Science』Addison-Wesley Publishing Company. Inc 1996.

持続可能論、環境経済学等

・安永幸正『経済学のコスモロジー』新評論、一九九一年
・藤原保信『自然観の構造と環境倫理学』お茶の水書房、一九九一年
・岩井克人『貨幣論』筑間書房、一九九八年
・玉野井芳郎『科学文明の負荷』論創社、一九八五年
・レスター・サロー／山岡洋一・仁平和夫共訳『資本主義の未来』TBSブリタニカ、一九九六年
・レスター・サロー／枝廣淳子訳『環境ビッグバンへの知的戦略』家の光社、一九九九年
・P・F・ドラッカー／上田惇生・林　正・佐々木実智男・田代正美共訳『未来への決断』ダイヤモンド社、一九九五年
・「安藤昌益」『現代農業』臨時増刊、農文協、一九九三年
・津野幸人『小農本論』農文協、一九九一年
・津野幸人『小さい農業（山間地農業からの探求）』農文協、一九九五年
・蔵治光一郎・洲崎燈子・丹羽健司『森の健康診断』築地書店、二〇〇六年
・比嘉照夫『微生物の有効利用と環境保全』農文協、一九九一年
・井上真『コモンズの思想を求めて』岩波書店、二〇〇四年

・井上ひさし　『コメの話』新潮社、一九九二年
・浅井隆　『食糧パニック』第二海援隊、一九九六年
・坂田俊文監修／ジオカタストロフィ研究会編　『ジオカタストロフィ（上・下）』日本放送出版協会、一九九二年
・アレキサンダー・キング他／田草川弘訳　『第1次地球革命（ローマクラブ・リポート）』朝日新聞社、一九九二年
・穂坂邦夫　『市町村崩壊』SPICE、二〇〇五年
・デネラ・H・メドウズ＋デニス・L・メドウズ＋ヨルゲン・ランダース／枝廣淳子訳　『成長の限界　人類の選択』ダイヤモンド社、二〇〇五年
・アル・ゴア／枝廣淳子訳　『不都合な真実』ランダムハウス講談社、二〇〇七年
・環境省編　『環境白書』環境省、二〇〇三年、二〇〇四年、二〇〇五年、二〇〇六年
・経済産業省編　『エネルギー白書』経済産業省、二〇〇三年
・橘木俊詔　『格差社会』岩波新書、二〇〇六年
・NPO法人地球の未来編『岐阜発、地域からのカクメイ』NPO法人地球の未来、二〇〇四年

歴史関係、その他

・G・B・サムソン／金井圓・多田実・芳賀徹・平川祐弘訳『西洋世界と日本』筑摩叢書、一九六六年
・梅原伸太郎『他界論』春秋社、一九九五年
・フランク・ゴーブル／小口忠彦訳『マズローの心理学』産能大学出版部、一九七二年
・M・スコット・ペック／森英明訳『平気で嘘をつく人たち』草思社、一九九六年
・アラン・ブルーム／菅野盾樹訳『アメリカンマインドの終焉』みすず書房、一九八八年
・尾崎護編『21世紀日本のクォヴァディス（上・下）』朝日新聞社、一九九五年
・ウォルフレン／篠原勝訳『人間を幸福にしない日本というシステム』毎日新聞社、一九九四年
・ウォルフレン／大原進訳『なぜ日本人は日本を愛せないのか』毎日新聞社、一九九八年
・高橋乗宣『老衰国家への危機』ごま書房、一九九五年
・小室直樹『悪の民主主義』青春出版社、一九九七年
・小室直樹『論理の方法』東洋経済、二〇〇三年
・藤井厳喜『戦後民主主義の幻想』新日報道、一九九七年
・広瀬隆『腐食の連鎖』集英社、一九九六年
・西部邁『ニヒリズムを超えて』日本文芸社、一九九七年

・西部邁『知識人の生態』ＰＨＰ新書、一九九六年
・渡辺京二『逝きし世の面影』葦書房、一九九八年
・本澤二郎『天皇の官僚』データハウス、一九九六年
・野口悠紀雄『一九四〇年体制　さらば「戦時経済」』東洋経済、一九九五年
・吉田裕『昭和天皇の戦後史』岩波新書、一九九二年
・Ｎ・チョムスキー／Ｄ・ロベール＋Ｖ・ザラコヴィッツ　インタビュー／田桐正彦訳『チョムスキー、世界を語る』トランスビュー、二〇〇二年
・ジャン＝シャルル・ブリザール＋ギヨーム・ダスキエ／山本知子訳『ぬりつぶされた真実』幻冬舎、二〇〇二年
・山本七平・小此木啓吾『日本人の社会病理』講談社、一九八五年
・コリン・ウィルソン／中村保男訳『アウトサイダー』紀伊國屋書店、一九六八年
・コリン・ウィルソン／中村保男訳『続アウトサイダー』紀伊國屋書店、一九六九年
・リデル・ハート／森沢亀鶴訳『戦略論』原書房、一九八六年
・クラウゼヴィッツ／淡徳三郎訳『戦争論』徳間書店、一九六五年

著者紹介

駒宮　博男（こまみや・ひろお）

1954年、横浜生まれ。東京大学中退。幼少よりゲーデルなど、数学基礎論について父に聞かされて育つ。学生時代は年に120日以上山中で過ごし、登山の海外遠征は10回以上。高山研究所を経て、(株) ヘルス・プログラミング設立。仕事の傍ら、意味論、認識論について本格的に研究開始。その後、NPO活動を開始。

現在、NPO法人地球の未来、地域再生機構理事長、ぎふNPOセンター理事長代行、地域の未来・志援センター副理事長その他。名城大学大学院経営学研究科客員教授。

著作など

『categorization　(メタフィロソフィー)』(自費出版、1998年)、「ぎふ発、地域からのカクメイ (持続可能社会構築のための地方自治に関する政策提言)」(NPO法人地球の未来、2003年)、「地方住民から国土形成計画への提言」(道づくりフォーラム、2006年)、『GHG Protocol　運用上の問題点と対策』(『名城論叢』名城大学経済・経営学会、2006年)

地域をデザインする

――フラードームの窓から見えた持続可能な社会　(検印廃止)

2007年11月15日　初版第1刷発行

著　者　駒　宮　博　男

発行者　武　市　一　幸

発行所　株式会社　新　評　論

〒169-0051
東京都新宿区西早稲田3-16-28
http://www.shinhyoron.co.jp

電話　03(3202)7391
FAX　03(3202)5832
振替・00160-1-113487

落丁・乱丁はお取り替えします。
定価はカバーに表示してあります。

印刷　フォレスト
製本　清水製本紙工プラス
装丁　山田英春
写真　駒宮博男
(但し書きのあるものは除く)

©駒宮博男　2007　Printed in Japan

ISBN978-4-7948-0755-7

新評論　好評既刊　環境を考える本

C.ベック=ダニエルセン／伊藤俊介・麻田佳鶴子 訳

エコロジーのかたち

持続可能なデザインへの北欧的哲学

北欧発・サスティナビリティを創造するデザインの美学。カラー写真多数。

[A5上製 238頁 2940円 ISBN4-7948-0747-2]

S.ジェームズ＆T.ラーティ／高見幸子 監訳・編著／伊波美智子 解説

スウェーデンの持続可能なまちづくり

ナチュラル・ステップが導くコミュニティ改革

サスティナブルな地域社会づくりに取り組むための最良の実例集。

[A5並製 284頁 2625円 ISBN4-7948-0710-4]

C=H.ロベール／高見幸子 訳

ナチュラル・チャレンジ

明日の市場の勝者となるために

世界的環境NGO「ナチュラル・ステップ」が示す産業界の環境対策模範例。

[四六上製 320頁 2940円 ISBN4-7948-0425-3]

福田成美

デンマークの環境に優しい街づくり

世界が注目する環境先進国の新しい「住民参加型の地域開発」。

[四六上製 264頁 2520円 ISBN4-7948-0463-6]

岡部 翠 編

幼児のための環境教育

スウェーデンからの贈りもの「森のムッレ教室」

環境先進国発・自然教室の実践のノウハウと日本での取り組みを詳説。

[四六並製 284頁 2100円 ISBN978-4-7948-0735-9]

Y.S.ノルゴー＆B.L.クリステンセン／飯田哲也 訳

エネルギーと私たちの社会

デンマークに学ぶ成熟社会

坂本龍一氏すいせん！ 社会と未来を大きく変える「未来書」。

[A5並製 222頁 2100円 ISBN4-7948-0559-4]

＊表示価格はすべて消費税込みの定価です。